병영생활 고민상담소

발　　행		2024년 11월 7일
저　　자		최정우
편 집 자		(주)퍼브릿지
펴 낸 곳		심플북스 (sogangbest@naver.com)

| 출판등록 | | 2024년 10월 28일 |
| I S B N | | 979-11-989155-0-4 |

이 메 일		sogangbest@naver.com
인 스 타		instagram.com/choi_simri
유 튜 브		youtube.com/@choi_simple
브 런 치		brunch.co.kr/@sogangbest

ⓒ출판사명
본 책은 저작자의 지적 재산으로서 무단 전재와 복제를 금합니다.

병영생활 고민상담소

최정우 지음

※ 여기에 등장하는 상담 사례는 내담자 비밀보장원칙을 위해 실제 사례를 일반화하여 각색한 내용입니다. 이 점 참고하시기 바랍니다.

〈프롤로그〉

2000년 1월에 군대에 갔다. 2002년 3월에 전역했다. 당시는 군복무가 26개월이었다. 전역을 하던 그 순간이 아직도 떠오른다. 전역을 하면 군대라는 곳에 다시 오지 않을 줄 알았다. 그런데 내가 지금 병영생활전문상담관으로 부대에 와있다. 내가 군생활을 하던 시절에는 상담관이 없었다. 그때는 군생활이 힘들면 '군대는 원래 이런갑다' 하며 그냥 버텼다. 지금은 병영생활전문상담관이 있다. 심리적으로 힘들고 괴로운 용사, 간부들이 더 이상 혼자 끙끙 앓고 있을 필요가 없다. 군복무 중인 장병들을 위한 정말 좋은 정책 중 하나라고 생각한다.

나의 군시절에는 없던 상담관이라는 직업을 내가 가지게 되어 이렇게 부대에서 상담을 하고 있다는 사실이 한편 생소하다. 하지만 요즘 용사들은 상담관이라는 존재를 당연시 여기는 것 같다. 부대의 상담관은 학교의 위클래스 상담선생님 같은 존재가 아닐까? 상담이라는 서비스가 학교에서 시작되어 군대까지 이어지고 있는 듯한 느낌이다. 최근에는 회사, 직장에서도 상담 서비스를 지원해주고 있다.

마음의 고민이 있는 사람들을 위한 상담 서비스의 확대, 참 다행스럽고 바람직한 변화가 아닐까 하는 생각이 든다.

다시 군대 얘기로 돌아와보자.

어쨌든 나는 병영생활전문상담관으로 근무하고 있다. 병영생활상담관으로서 많은 용사들, 간부들을 상담하며 다양한 고민과 마음들을 만났다.

한 사람이 다가오는 것은 한 사람의 인생이 다가오는 것과 같다고 했던가? 많은 용사, 간부를 상담하며 다양한 고민과 마음을 만날 수 있었다. 그들과 상담하며, 그들을 도와줄 수 있는 몇 가지 방법을 깨닫기도 했다. 물론 아예 같을 수는 없겠지만 병영생활을 하며 누군가는 고민하고 있을 문제를 해결하는데 이 책이 도움이 될 수 있을 것이다.

가장 많은 용사들이 하고 있을 법한 고민들을 위주로 정리해봤다. 이 책을 읽다 보면 '어? 이거 내 얘기인데?' 하며 공감하며 몰입하는 용사도 있을 것이다. 당장은 공감되지 않더라도 병영생활을 하다보면 고민할 법한 사례도 있다. 어떤 식으로라도 이 책을 읽는 여러분들게 도움이 될 것으로 믿는다.

또한 군 입대를 앞둔 사람, 군대에 가 있는 소중한 사람이 있는 사람이 읽어도 좋을 것이다. 아는 만큼 더 잘 이해할 수 있을테니까 말이다.

이 책을 군복무를 위해 헌신하는 대한민국 군장병들을 위해 바친다. 힘과 용기가 되었으면 좋겠다

목차

Ⅰ. 서로 다른 우리가 군대라는 같은 곳에서 만나

01. 나보다 잘난 것도 없는 것 같은 선임이 뭐라고 할 때 화가 납니다.
02. 단체 생활이 불편합니다. 개인적 공간이 필요해요.
03. 아파도 눈치가 보여 티를 못 냅니다.
04. 주위 사람들이 저에 대해 수군거리는 것 같습니다.
05. 군대, 서로 다른 사람들이 만나 서로 적응해 가는 곳.

Ⅱ. 대인관계로 힘들어 하는 용사들을 위해

06. 저는 내향적인 성격인데 사람들과 얼마나 어울려야 하는지 모르겠어요.
07. 새로운 변화를 위해 새로운 노력을 시작했다는 것, 그 자체가 중요.
08. 말투를 고치고 싶어 했던 용사는 무엇을 먼저 고쳐야 했을까?
09. 가스라이팅, 군대에서도 조심해야 하는 이유
10. 뜀걸음에 동참하고 싶은데 체중 때문에 힘들어요. 억지로라도 해야 할까요?

Ⅲ. 모든 것이 제 잘못같이 느껴집니다.

11. 뭘 깨부숴야지만 스트레스가 풀리는데, 어떻게 하면 좋을까요?
12. 혼잣말을 할 때 주의해야 하는 이유
13. 실수를 하는 제 자신이 싫습니다.
14. 모든 것이 제 잘못같이 느껴집니다.
15. 무조건 타인을 먼저 의식하면 안되는 이유

Ⅳ. 쉽게 말하지 못하는 자신만의 힘겨움은 누구에게나 있다

16. 부모님 사이가 너무 좋지 않아요
17. 성소수자로 병영생활을 한다는 것.
18. 간부라 힘든 것도 얘기할 수가 없습니다.
19. 어느 또래 상담병의 고민
20. 힘들었던 기억을 송두리째 날려버린 용사

Ⅴ. 마음을 털어놓는 습관

21. 숨겨둔 감정은 없어지지 않는다.
22. 고민은 털어놓는 것만으로 도움이 된다.
23. 누군가의 힘든 얘기를 듣고 그것을 이상하게 보는 사람, 그 사람이 이상한 사람입니다.
24. 10년 이상 가면을 쓰고 살아온 용사.
25. 일이 커지기를 두려워서 하는 용사

Ⅵ. 군생활을 인생의 터닝포인트로 만드는 방법

26. 전역 후 진로는 큰 그림부터 먼저 설정해야
27. 병영생활을 성공을 향한 출발점으로 만드는 방법
28. 고독사(孤獨死), 더 이상 남이 아닌 우리의 얘기
29. 꿈을 찾을 때 잊으면 안되는 중요한 한 가지
30. 군생활을 잘한다는 것? 다치지 않고 무사히 전역하는 것이 가장 중요.

I

서로 다른 우리가
군대라는 같은 곳에서 만나

01. 나보다 잘난 것도 없는 것 같은 선임이 뭐라고 할 때 화가 납니다.

군대에는 계급이 존재한다. 입대 전 무슨 일을 했었는지, 학력이 어떻게 되는지, 나이가 어떻게 되든지, 개인 능력이 어떻게 되든지 크게 중요하지 않다. 당연한 얘기지만 군대에서는 계급과 직책에 따라 움직인다. 그러다 보니 이런 생각을 하는 용사들을 상담에서 만날때가 있다.

'밖에서 만났으면 나에게 말도 못 붙였을 텐데 여기서 나보다 선임이라고 나를 막 대하네'
'나보다 나이도 어리면서 이래라저래라하네'
'아 진짜 나보다 능력도 안되면서 선임이라는 이유 하나만으로....아 진짜 짜증난다'

이런 상황에서 겪는 마음이 충분히 이해가 간다. 물론 심적으로 괴로울 수 있다. 자신보다 능력적인면에서 나을 것이 없어 보이는 사람인데 단지 군대라는 이유만으로 질책을 받아야 하는 상황이 괴롭고 힘이 들 수 있다.

상담을 했던 A용사는 입대 전 명문대를 다녔다. 신체적으로도 뛰어나고, 판단 능력도 뛰어난 것으로 보였다. 훈련 중 여러 차례 우수한 성과를 보이며 상급자들로부터 인정을 받기도 했다. 그에게는 B선임이 있었다. 군 생활 동안 특별한 능력이나 리더십을 보여주지 못했다. 종종 주변 인원이나 후임에게 혼란스러운 지시를 내리곤 했다. 어느 날, 중요한 훈련 중 그 B 선임이 A용사에게 비효율적이고 위험할 수 있는 지시를 했다. A용사는 선임의 판단력에 의문을 품고, 그 지시를 따르는 것이 옳지 않다고 느꼈다. 만일 여러분이 A용사의 입장이라면 어떨까? 어떤 마음이 들까?

이런 경우 느낄 수 있는 심리적 갈등은 다음과 같다.

첫 번째, 능력과 자존심의 충돌이다. 자신이 더 나은 모습을 보이고, 더 낭은 결정을 내릴 수 있다고 생각하면서도 선임의 지시를 따라야 한다는 점에서 자존심에 상처를 받을 수 있다.

두 번째, 책임과 순응의 딜레마이다. 선임의 말이 옳지 않다고 판단하지만, 군대에서는 선임의 말을 못들은 채 하기가 어렵다. A용사는 선임의 지시를 따르지 않으면 임무 수행에 어려운 점이 생길 수 있고 관계에 불편한 점이 생길 수 있다는 두려움을 느낄 수 있다. 선임의 잘못된 판단으로 인해 생길 수 있는 문제에 대한 책임감도 느낄 수 있다.

세 번째, 집단 내 갈등 가능성이다. A용사는 다른 동료들과의 관계에서도 어려움을 겪을 수 있다. 일부 동료들은 A용사가 선임의 말과 행동을 비판하는 것을 지지할 수도 있지만, 다른 동료들은 군대에서의 체계가 중요하다는 입장을 강조할 수 있다.

그야말로 이러지도 못하고, 저러지도 못하는 상황이 발생할 수 있다. 군대에서 누구나 흔히 겪을 수 있는 상황이다. 이럴 때는 어떻게 하면 좋을까?

첫 번째, 가장 기본적인 현실을 되새기는 것이다. 선임의 요청에 따르는 것은 그 선임이 나보다 잘나서가 아니라 나보다 선임이기 때문이라는 점을 떠올리는 것이다. 여러분이 상급자의 요청과 지휘에 따르는 것은 여러분이 그 사람보다 능력이 떨어지고 못나서가 아니다. 어찌 보면 당연한 것이다. 물론 선임이 말하는 것, 지시하는 것이 너무나 비합리적이고 비효율적이라면 얘기를 해볼 수도 있겠다.

"OOO상병님, 죄송한데 그 말씀에 대해 제가 의견을 좀 드려도 되겠습니까? 말씀하신 대로 한다면 이런 문제가 발생할 수 있을 것 같은데, 이번에는 이런 방식으로 해보면 어떻겠습니까?"

이렇게 정중하면서도 확실하게 자신의 의견을 말해보는 것이다. 대부분의 경우에는 상대방도 납득할 수 있다. 단, 이런 말을 할 때는 단 둘이 있는 상황에서 하자. 다른 사람들도 함께 있는 자리에서 하면 듣는 사람의 처지에서는 수치심, 부끄러움 등이 더 크게 느껴질 수 있기 때문이다.

두 번째, 그래도 문제가 지속된다고 느껴진다면 간부나 상담관에게 알리는 것이다.

얘기를 하고 건의를 해봐도 선임이 잘못된 입장을 고수하거나 비합리적 언행을 지속한다면 지휘관이나 간부에게 해당 사항에 대해 상담을 진행해봐도 좋다. 간부에게 직접적으로 요청하기 어려운 경우라고 한다면 병영생활 전문상담관을 찾아보는 것도 좋은 방법이다. 상담관은 용사의 심리적 문제 해결에 도움이 될 뿐만 아니라 용사가 겪고 있는 현실적 어려움 해결에도 도움이 될 수 있기 때문이다.

02. 단체 생활이 불편합니다. 개인적 공간이 필요해요.

입대 후 용사들이 가장 많이 힘들어하는 점 중 하나가 "단체 생활"이다. 혼자만의 방에서 혼자만의 활동을 하고, 혼자만의 시간을 보내다가 군대라는 곳에서 갑자기 단체 생활을 하려니 힘이 들 수밖에 없다. 함께 밥도 먹어야 하고, 함께 훈련도 해야 하고, 함께 작업도 해야 하고 함께 잠도 자야 한다. 부대에 따라서는 "분대 외출"라는 것도 있어 때에 따라서는 외출도 함께 나가야 한다. 부대 밖에서도 단체 생활을 해야 하는 순간이 있는 것이다.

심리학자, 수잔 포크만Susan Folkman교수는 그가 수행한 연구를 통해 개인 생활에서 단체 생활로 전환할 때 느끼는 스트레스 원인을 다음과 같이 설명하고 있다.

첫 번째, 개인적 공간의 부족이다.

단체 생활에서는 개인이 사용할 수 있는 공간이 제한된다. 개인의 사생활이 줄어들고, 휴식이나 개인적 활동에 제한을 받는 상황이 스트레스를 유발할 수 있다고 한다. 맞는 말이다. 군대에서 그나마 가장 개인적 공간이라고 할 수 있는 곳은 생활관 내 개인 침대 위다. 하지만 이마저도 사방이 뚫려 있고 다른 용사들과 함께 생활하는 공간 속에 있다. 개인적이지 않은(?) 개인적 공간이다. 이처럼 개인적 공간 소유에 한계가 있을 수밖에 없는 점은 스트레스 요인으로 작용할 수 있다.

두 번째, 새로운 규칙 준수이다.

해당 연구에 따르면, 단체의 새로운 규칙에 적응하는 과정에서 스트레스를 느낄 수 있다고 한다. 우리 용사들은 기상 및 취침 시간, 식사 시간, 개인 임무 분담제 등 일상 생활의 많은 부분이 일정한 규칙에 의해 제약을 받는다. 24시간을 통제받고 있는 것이다. 갑작스럽게 준수해야 하는 규칙들과 통제된 생활은 스트레스 원인으로 작용할 수 있다.

세 번째, 새로운 관계의 형성이다.

해당 연구에 따르면 새로운 환경에서 낯선 사람들과의 관계를 형성해야 하는 상황은 사회적 불안을 유발할 수 있다고 한다. 이 역시 병영생활을 시작한 용사들에게 적용된다. 군생활을 시작하며 새로운 사람들과의 상호작용을 하며 어색함과 불편함을 느낄 수 있다. 본래 대인관계에 대한 욕구가 낮은 용사들은 이러한 상황을 더 힘들어 할 수 있다. 혼자서 지내는 것을 선호했던 용사들은 이러한 상황이 더 불편하게 느껴질 수 있는 것이다.

이러한 다양한 이유로 인해 갑작스럽게 시작한 단체생활을 많은 용사가 힘들어할 수 있다. 이럴 때는 어떻게 하면 좋을까? 몇 가지 방법을 추천한다.

첫 번째 개인적 공간과 시간의 결합이다. 이것이 어떤 의미일까? 그나마 가장 개인적 공간이라고 할 수 있는 생활관내에서 조차 개인적 공간을 만드는 것은 한계가 있다. 그렇다면 생각해볼 수 있는 좋은 방법은 공간의 한계를 시간으로 뛰어 넘는 것이다. 쉽게 말해 개인적 시간을 만드는 것이다. 예를 들어 연등 시간을 최대한 활용해 보자. 연등 시간에는 그나마 개인적 시간을 투자해 개인적 공간을 만들 수 있다. 사이버지식방, 휴게실 등의 허가된 장소에서 연등을 통해 개인적 시간을 가져보자. 그렇게 개인적 공간의 한계를 개인적 시간을 통해 조금이라도 극복해보자. 실제로 상담을 해보면, 적지 않은 용사들이 이러한 이유로 연등을 하는 경우가 꽤 많다.

두 번째, 시간의 도움을 기다리는 것이다. 어떻게 하면 단체 생활 규칙에 빠르게 적응해 갈 수 있을까? 정해진 시간에 일어나고, 정해진 시간에 밥을 먹으며, 정해진 시간에 일과를 시작하는 생활 패턴에 어떻게 빠르게 적응할 수 있을까? 결국 시간이 필요하다. 적응에는 시간이 필요하다. 너무 서두르지 말자. 새로운 환경과 규칙에 적응해가는데 몸과 마음도 시간이 필요하다. 새로운 마음과 행동이 "습관화"될 때까지는 시간이 필요하다. 습관이 되면 새로운 환경이 편하게 느껴질 수 있다. 영국 런던대학교 써레이 대학교, 필리파 랠리Pippa Lally 박사팀이 진행한 연구 결과에 따르면 하나의 새로운 습관 형성되기까지 평균 66일이 걸렸다. 66일이면 이제 막 일등병을 다는 시기다. 새로운 규칙 준수와 생활에 적응하기까지 딱 두 달만 버텨보자.

세 번째 새로운 관계를 너무 억지로 만들지 않는 것이다.
본래 대인관계에 큰 욕구가 없는 편인데 군대에 왔다고 해서 억지로 다른 사람들과 친하게 지내려 할 필요는 없다. 그렇게 쉽게 되지도 않는다. 입대 전 여러분 각자가 가지고 있는 고유의 성향, 성격이 군대에 왔다고 해서 갑자기 변할 수는 없기 때문이다. 그럼 어떻게 하면 좋을까? 여러분이 생각하기에 적절한 수준의 대인관계만 맺으면 된다. 남들과 함께 생활함에 있어서 맺어야 할 최소한의 인간관계만 신경을 쓰면 된다. 억지로 많은 사람들과 어울릴 필요는 없다. 개인정비 시간이나 휴일에는 개인적 취미 활동을 통해 개인적 시간을 보내는 것도 좋은 방법이다. 유튜브 시청, 개인 공부, 독서, 그림그리기, 웨이트 트레이닝, 달리기, 노래 부르기 등 자신이 할만

하다고 느껴지는 취미를 하나 갖자. 그렇게 자기 자신과의 시간을 보내자. 실제로 상담을 진행했던 한 용사도 그랬다. 그는 전입 초기 단체 생활로 힘들어 했다. 고등학교, 대학교를 외국에서 다녔다. 그러던 그가 입대후 갑자기 단체 생활을 하려니 더욱 힘들어할만 했다. 그는 포토샵 등 컴퓨터 디자인에 흥미가 있었다. 그는 틈이 날 때마다 그러한 작업을 통해 개인 시간을 보냈고, 부대 공모전 행사에도 나가 수상을 하기도 했다. 그러한 과정을 겪으며 그는 지금 단체생활에 많이 적응해 있다. 가끔씩 우연히 만나면 밝게 웃는 모습을 보여주곤 한다. 너무 억지로 다른 사람들과 대인관계를 맺으려 하지 말자. 자신의 성격과 성향에 맞게 적절한 수준의 대인관계를 목표로 하자. 편안함을 느끼는 거리가 가장 좋은 거리다. 그것은 군대에서도 예외는 아니다.

병영생활 고민상담소

03. 아파도 눈치가 보여 티를 못 냅니다.

몸이 아파도, 불편한 곳이 있어도 쉽게 티를 내지 못하는 용사를 종종 본다.

'아직 내가 이등병인데 아프다고 말하면 나를 안 좋게 보지 않을까?'
'다음 주가 훈련인데 지금 아프다고 말하면 내가 꾀병을 부리는 것처럼 보이지는 않을까?'
'얼마 전에 외진 다녀 왔는데 또 외진간다고 말하면 사람들이 나를 안 좋게 보지 않을까?'

이러한 생각들로 아파도 참는 용사가 많다.

특히 이등병 때는 더 그럴 수 있다. 최근에 전입 신병 상담을 했다. 그는 입대한 지 3개월도 안 되는 상황이었다.

"혹시 특별히 아픈데는 없나요?"
"아 없습니다"
"그래요? 그런데 상담하면서 보니까 계속 허리 쪽이랑 목을 만지던데요? 그쪽이 좀 불편해 보이던데 괜찮아요?"
"아 네…"

알고 보니 그 용사는 실제로 허리와 목이 불편했다. 특별히 다쳤던 것은 아니지만 오랜 기간 좋지 않은 자세로 허리와 목 부위에 통증이 있어 온 듯했다. 그 용사에게 신체 건강의 중요성과 진료 여건 보장에 대해 설명해 주었다. 많은 설명을 들은 뒤 그는 무언가를 깨달은 듯 보였다. 병원에 갈 마음을 먹은 듯 했다.

이렇듯 아파도 말하지 못하는 용사가 많다. 여러분도 이런 저런 걱정 때문에 아파도 아프다고 표현하지 못하고 있는 것은 아닌가? 몸이 아파도, 어딘가 불편해도 말하지 않고, 티를 내지 않는 이유는 무엇일까?

첫 번째, 눈치가 보여서이다.

"아직 이등병이라서, 너무 자주 아프다고 말하는 것 같아서, 다음 주에 중요한 훈련이 있어서" 등등의 이유로 그냥 참는 것이다. 물론 마음은 이해가 간다. 아프다고 말하는 것 자체가 불편하게 느껴질 수 있다. 평소 타인의 시선에 민감한 사람이라면 더더욱 그럴 수 있다. 그런데 눈치를 볼 필요가 없다. 다른 사람들은 여러분이 생각하는 것만큼 여러분에 대해 큰 신경을 쓰지 않는다. 다른 사람들은 그 시간에 자기 자신에 신경을 쓴다. 그 시간에 여러분이 여러분 자기 자신에 대해 신경 쓰는 것처럼 말이다. 대부분의 사람은 타인이 신체 어딘가가 불편하여 의무대에 가고 외진을 가는 것 자체를 신경 쓰지 않는다. 그런 것에 신경 쓰는 누군가가 있다면 그 사람이 보기 드문 사람이다. 그는 병영생활을 하며, 인생을 살아가며 아픈 곳이 한 군데도 없을까? 여러분이 아프다고 말하고 진료를 받고 열외를 하는 상황이 불편하게 느껴진다면, 다녀와서 그만큼 더 열심히 임무 수행을 하면 된다. 외진가는 것을 안 좋게 보고 눈치를 주는 사람이 있다면 그 사람이 이상한 사람이다. 너무 신경 쓰지 말자.

두 번째, '별 문제 아니겠지'하는 생각으로 그냥 넘기기 때문이다.

불편한 곳이 있어도, 몸 어디가 좀 좋지 않아도 '잠깐 이러다 말겠지', '큰 병은 아니겠지'라는 생각으로 그냥 넘기는 경우다. 물론 그 마음도 이해가 된다. '일단은 뭐 그냥 참을만하니까, 큰 문제가 아닌 것 같으니까' 그냥 넘기는 것이다. 그렇게 넘겨도 낫는 병이 있는가 하면, 그대로 두었을 때 점점 악화하는 병도 있다. 그런 병은 조기에 치료를 받지 않으면 악화하여 나중에는 더 큰 시간, 비용, 노력을 들이게 된다.

C용사는 입대 전까지 특별한 건강 문제 없이 지내왔다. 평소에 체력이 좋다고 생각해 큰 걱정 없이 군 생활을 시작했다. 입대후 훈련 도중 허리에 약간의 통증을 느꼈다. 처음에는 훈련으로 인한 근육통이라고 생각하며 대수롭지 않게 여겼다. 동기들에게 이 증상에 대해 이야기했을 때도 다들 "훈련하다 보면 그럴 수 있다"며, 쉬면 괜찮아질 것이라고 동기들이 말했다고 한다. 시간이 지나면서 통증은 점점 더 자주 나타났다. 심지어 앉아 있거나 잠을 잘 때에도 불편함을 느끼게 되었다. 그럼에도 '곧 괜찮아지겠지'라는 생각으로 참고 견디며 치료를 받지 않았다. 그는 의무병에게 약간의 진통제를 받는 것에 그쳤고, 군의관에게 정식 검진이나 치료는 받지 않았다. 몇 달이 지난 후, 훈련 도중 갑작스러운 통증을 느끼며 쓰러졌다. 그제야 군 병원에서 정밀 검사를 받게 되었고, 검사 결과 허리 디스크가 심각하게 악화된 상태라는 진단을 받았다. 이미 디스크가 탈출해 신경을 누르고 있는 상태로, 즉각적인 수술이 필요하다는 군의관의 권고를 받았다. 그는 결국 군 병원에서 디스크 수술을 받았다. 수술은 성공적으로 끝났지만, 그는 상당한 재활 과정을 거쳐야 했고, 병역 복무는 더 이상 지속할 수 없게 되었다.

아픈데 참을 필요가 없다. 아픈데 참았다고 해서 누가 알아주지도 않는다. 본인 몸은 본인이 챙겨야 한다. 신성한 국방의 의무를 수행하고 있는데 진료 하나 제대로 못 받는 것은 말이 안된다. 몸이 불편하고 아플 때 진료와 치료는 당연한 것이다. 그러라고 군의관, 군병원이 있는 것이다. 진료 여건 보장은 지휘관의 중요한 의무 중 하나다. 반대로 용사에겐 하나의 중요한 권리다. 중요한 권리를 포기하지 말자.

병영생활 고민상담소

04. 주위 사람들이 저에 대해 수군거리는 것 같습니다.

한 용사와 상담을 했다. 그는 고민을 털어놨다. 최근에 주변 인원들이 자신들에 대해 안 좋은 얘기를 하고 다니는 것 같다는 것이었다. 내가 물어봤다.

"그렇군요. 그렇다고 느꼈던 구체적인 사례를 좀 얘기해줄 수 있을까요?"
"얼마 전이었어요. 후임이 새로 들어와서 저는 도와주고 싶은 마음에 이것저것 알려 주었습니다. 그런데 그 모습을 보고 선임들이 저보고 "짬질하네"라고 말하는 것을 들었습니다 물론 농담으로 한 말일수도 있지만 한편으로는 '내가 뭘 잘못한 걸까? 그렇게 하면 안되나? 하는 생각이 들더라고요. 그런 일이 있고 난 다음부터는 사람들이 모여서 얘기하는 모습만 봐도 '나에 대해서 험담을 하고 있는 것이 아닌가? 하는 생각이 들더라고요"

그 용사는 그런 일을 겪은 이후 모든 사람들이 자기를 보고 수군덕거리는 것 같이 느껴졌다. 그런 마음이 충분히 이해가 갔다. 누군가 자신에 대해 안 좋게 얘기하는 것을 들으면 그 이후에는 사람들이 모여 있는 모습만 봐도 불편해질 수밖에 없다. 신경이 곤두설 수밖에 없는 것이다.

이럴 때는 어떻게 하면 좋을까?

명확히 알아야 할 점이 있다. 사람들은 당신이 생각하는 것만큼 당신에 대해 큰 신경을 쓰지는 않는다. 여러분은 여러분이니까 여러분 자신에 대해 신경이 쓰일 수 있다. 사람들이 왠지 여러분만 바라볼 것 같고, 여러분의 안 좋은 점에 대해 모두가 떠벌리고 다닐 것 같고, 여러분에 대한 얘기를 하고 다닐 것 같지만 실제로는 그렇지 않다. 그 시간에 다른 사람들은 자기 자신에 대해 신경을 쓴다. 여러분이 여러분 자신에 대해 신경을 쓰는 것처럼 말이다. 쉽게 말해 사람들은 여러분에 대해 큰 관심이 없다. 여러분의 좋은 점이든, 안 좋은 점이든 말이다. 설령 누군가 여러분의 말과 행동에 대해 관심이 있다하더라도 시간이 지나고, 환경이 변하면 당신에 대한 관심도 변한다. 여러분에 대해 지속해서 관심을 보이는 사람은 부모님, 가족, 연인, 친한 친구 정도나 될까?

심리학에는 "자기중심적 편향"이라는 이론이 있다. 타인이 자신에게 얼마나 주목하고 있는지를 우리도 모르게 과대평가하는 경향을 말한다. 주관적

인식과 객관적 현실에는 차이가 있다. 사람들은 자신의 행동과 외모가 타인에게 더 두드러지고 중요하다고 생각하지만, 실제로는 그렇지 않다. 특히 자신에 대한 험담을 들은후와 같은 특정한 상황에서는 이러한 자기중심적 편향이 더 강해질 수 있다. 사람들이 험담을 들은 후 다른 사람들이 자신에 대해 더 많이 이야기하고 있다고 느끼게 되는 이유가 될 수 있다.

그러니 여러분이 하고 싶은 일이, 하고 있는 행동이 남에게 피해를 주지 않고, 법적·도적적으로 문제가 없다고 판단된다면 하고 싶은 대로 하자. 말하고 싶은 것이 있으면 말하고, 치료를 받고 싶으면 치료를 받고, 요청할 것이 있으면 당당히 요청하자.

후임에게 알려 주고 싶은 것이 있으면 알려주자. 그것이 후임에게 도움이 되는 것이라 믿는다면 그렇게 해보는 것이다.

여러분이 필요하다고 판단 해서 하는 행동인데 그것을 가지고 다른 사람들이 안 좋게 바라본다면 그것은 누구의 잘못인가? 상대에게 도움이 되고, 단체에 도움이 되는 조언이라고 생각하여 조언을 한 건데 다른 사람들이 안 좋게 본다면 그것은 그 사람들의 인식이 잘못된 것 아닌가? 첫 번째는 그 사람들의 인식이 잘못된 것이다.

어쨌든 강조하고 싶은 것은 너무 다른 사람들을 의식하지 않았으면 좋겠다는 점이다. 여러분 주위의 사람들은 여러분에 대해 당신이 생각하는 것만큼 큰 관심은 없다. 여러분은 여러분 자신이니까 여러분 자신에게 그 누구보다 큰 관심을 쏟을 수밖에 없는 것이다.

사람들의 시선이 너무 신경 쓰일 때는 이런 생각을 해보자.

'아 내가 자기 확증 편향에 시달리고 있구나. 사람들은 생각보다 나에 대해 큰 관심이 없을 수 있다. 내가 너무 예민해져 있는 것 같다. 최대한 신경을 쓰지 말고 나는 내 할 일 하자'

이런 생각이 여러분이 의연한 마음을 갖는데 도움이 된다.

05. 군대, 서로 다른 사람들이 만나 서로 적응해 가는 곳.

D용사와 상담을 했다. 그에게는 이런 고민이 있었다.

"몇 일전에 한 동기가 제게 말을 했어요. 생활관에서 제가 여자 친구와 통화를 하는 제 행동에 대해서요. 제가 생활관내에서 사적인 통화를 하는 것을 불편하게 생각하는 것 같았어요. 근데 저는 솔직히 이해가 안됐어요. 제가 큰 목소리로 떠들면서 통화를 하는 것도 아니었는데 말이죠. 그렇게 서로 불편했던 일이 있어서 그런지 몰라도 몇몇 동기가 저를 따돌리는 것같이 느껴지기도 해요. 어떻게 하는 것이 좋을지 모르겠어요. 생활관에서 사적인 통화를 하는 것이 잘못된 것인가요?"

혹시 여러분 중에도 이와 비슷한 고민을 해본 적이 있는 용사가 있는가? 정답이 있는 문제일까? 결론부터 말하면 "정답은 없는 상황"이다.

생활관내에서는 당연히 개인적 통화를 해도 된다. 생활관내에서 "개인적 통화를 하면 된다, 안된다"하는 규정자체가 없다. 이러한 문제는 생활관 같은 인원들끼리 서로 협의하고 합의해나가는 영역이다. 이런 부분까지 세세하게 규정이 있다면 이와 관련한 갈등을 겪고 다툴 필요도 없겠지만 이런 세세한 부분까지 규정을 만들기는 불가능하다. 예를 들어 여름밤에 생활관에서 에어컨을 틀고 자는데 누군가는 덥다고 느낄 수 있고, 춥다고 느낄 수 있다. 이런 부분까지 모두 규정을 만들 수는 없지 않은가? 이럴 때는 어떻게 하면 좋을지 해당 용사에게 물어봤다.

"이런 경우(생활관 에어컨 가동시 누군가는 춥다고 하고, 누군가는 덥다고 하는 상황) 어떻게 해야 하나요?"
"음...그럴 땐 춥다고 느끼는 사람이 이불을 더 덮어야 하는 것 아닌가요?"
"그런가요? 근데 그 사람은 이불 덮는 걸 안 좋아할 수도 있잖아요? 내가 왜 이불을 덮어야 해? 에어컨 온도를 높이거나 바람을 좀 약하게 할 수도 있는 거 아냐? 이렇게 생각해 볼 수도 있지 않을까요?"
"흠..."

해당 용사는 선뜻 대답하지 못했다. 그렇다. 그렇게 그런 상황은 정답이 없는 문제다. 함께 생활해가며 서로 협의하여야 하는 문제다. 절대적 정답이 없는 문제다. 서로 다른 성격, 가치관, 환경에서 자란 사람들이 하나의 생활공간에서 함께 먹고 자고 시간을 보낸다. 당연히 안 맞는 부분이 생길 수밖에 없다. 어떻게 하면 좋을까?

일단은 당연히 안 맞는 부분이 생길 수밖에 없다는 점을 인정하는 자세가 필요하다. 처음부터 모든 사람들과 모든 생활 습관이 맞는 것이 더 이상한 것이 아닐까?

서로 다른 환경에서 지낸 사람들끼리 같은 장소에서 함께 살아가는 법을 배우는 것이 중요한 이유다. 서로 다른 환경에서 지낸 사람들은 서로 다른 성격, 성향, 가치관, 습관 등을 가지고 있다. 동일한 상황에 대해서 서로 다른 생각을 할 수 있고, 서로 다른 반응을 할 수 있다. 그 모든 것들을 규칙으로 정해줄 수가 없다. 일상의 영역안에서 서로 이해할 수 있는 수준에서 협의하고 조정하는 노력이 필요하다. 병영생활을 통해 그러한 협의와 조화를 연습해보는 것이다.

앞서 소개한 사례의 예를 가지고 생각해보자. 주변 동기의 요청대로 생활관 밖에서 나가서 사적인 통화를 하는 것이 여러분 자신에게 그렇게 어렵지 않다면, 그렇게 해주는 것이다. 그렇게 해줌으로써 해당 동기와의 관계를 개선해 볼 여지가 생기기 때문이다. 반대로 생활관 밖으로 나가서 사적인 통화를 하는 것이 여러분에게 너무 힘든 일이거나, 그렇게까지 할 필요가 없다고 느껴진다면, 그 문제에 대해서 그 동기와 진지하게 얘기해보는 것이다. 진지하게 얘기를 해보고 협의가 된다면 좋은 것이고, 그렇지 않다면 제3자의 의견이나 중재를 받아야 한다. 예를 들어 해당 문제를 생활관 동기들과 함께 모여 의논해보거나 간부에게 알려서 간부 판단의 도움을 받아보는 것이 좋겠다.

다시 강조하지만 협의해보는 노력이 중요하다. 서로 다른 사람들이 만나 처음부터 모든 것이 맞을 수 없다. 처음에는 다를 수 있음을 인정하고 자신이 감당할 수 있는 범위내에서 주위 사람들과 어울려보자. 여러분이 이해하고 납득할 수 있는 범위를 떠났다고 판단되면, 즉 감당할 수 없는 범위에 이르렀다고 느껴지만 당사자와 진지하게 협의를 해보고나 제3자의 도움을 받았으면 좋겠다.

II

대인관계로 힘들어 하는
용사들을 위해

병영생활 고민상담소

06. 저는 내향적인 성격인데 사람들과 얼마나 어울려야 하는지 모르겠어요.

상담을 진행했던 E 용사는 사람들과 어울려 지내는 것이 힘들었다. 그 용사는 주변 인원들로부터 이런 얘기를 자주 들었다고 한다.

"너는 왜 이리 말투가 공격적이냐?"

그는 이해할 수 없었다. 그는 별 뜻 없이 말을 하는 편이었기 때문이다. 그냥 하는 말인데도 주변 사람들은 그렇게 딱딱하게 느꼈다고 했다. 알고 보니 그는 학창시절 대인관계가 거의 없다시피 했다. 초등학교 때부터 책읽는 것을 워낙 좋아해 혼자서 책 읽는 시간을 즐겼다고 했다. 책 읽는 시간을 즐기다 보니 친구들과 어울리는 시간이 자연스레 줄었다. 그렇게 중학교, 고등학교 시절을 보냈다. 친구가 없어도 불편한 점을 느끼지 못했다고 했다. 그는 그런 성향의 소유자였다. 그러던 그가 입대를 했다. 그런 삶을 보내다 입대를 했으니 다른 사람들과 대인관계를 형성하는 것 자체가 서툴렀을 것이다. 주변 사람들과 어떻게 대화를 주고 받는지, 어떤 활동을 어떻게 함께 하는지, 여가 시간은 함께 어떻게 보내는지, 문제가 있을 때 어떻게 함께 해결하는지, 타인과의 갈등은 어떻게 풀어가는지 하는 경험 자체가 부족했다. 생활관에서도 누군가 그를 부르면 그는 "왜?"라고 짧게 대답할 뿐이었다. 악의는 없었다. 누가 부르니 "왜"라고 짧게 대답하는 것이었다. 정확히 말하면 그는 누구에게 자신의 이름이 불리는 상황 자체가 어색했던 것이다. 계속 혼자 지내왔으니 그럴 만도 했다. 그런 그에게 군대라는 단체생활은 모든 것이 낯설고 힘든 환경이 될 수밖에 없었다.

여러분 중에도 이와 비슷한 고민을 갖고 있는 용사가 있을지도 모르겠다. 그럼 생각해보자. E용사가 혼자 있기 좋아하고, 내적인 성향이 있는 것이 잘못된 것인가? 전혀 그렇지 않다. 그건 그의 하나의 특성이기 때문이다. 모든 사람이 외향적이어야 하고 주변 사람들과 항상 잘 어울려야 하는 것은 아니기 때문이다. 외향적인 사람만 군대에 와야 하는 것도 아니다. 그런 사람도 있고, 아닌 사람도 있는 것이다. 다만, 단체생활을 하는데 본인이 어려움을 겪고 있고, 그러한 어려움을 조금이라도 덜어보고자 싶다면, 내향적 성격의 소유자로도 노력은 해볼 수 있다. 어떤 노력일까?

주변 인원들과 좀 더 긴밀한 관계를 형성해 보려는 노력, 주변 인원들에게 좀 더 살갑게 다가가 보려는 노력이다. 타고난 자신의 성향을 바꿀 수는 없지만 그런 변화의 노력을 조금이라도 해볼 수는 있다. 나는 그에게 이런 말을 해주었다.

"00용사님이 타고난 자신만의 그러한 기질을 바꿀 수는 없습니다. 그 기질은 그 자체로 의미가 있고 소중한 것입니다. 그 자체로 존중받아야 하는 것입니다. 다만 본인이 느끼기에 지금의 상황이 불편하다면, 뭔가 개선해보고 싶다면 노력을 해봐야 하는 것이지요"
"그럼 어떤 노력을 해보면 좋을까요?"
"말투와 행동을 바꾸어 보는 겁니다"

나는 그에게 말투 변화를 제안해보았다. 예를 들어 그는 생활관에서 누군가 자신을 부르면 고개를 돌리지도 않고, 눈도 마주치지 않고 "왜?"라고 대답했다. 그는 그냥 그렇게 하면 되는 줄 알았다. 지금까지 자신의 이름이 불려진 경험 자체가 없었으니까. 앞서 말했듯 누군가 자신의 이름을 부르는 상황 자체에 익숙하지 않았던 것이다. 나는 그에게 상대의 입장에서 생각해보도록 하였다.

"상대방의 입장에서 생각을 해보면, 누군가의 이름을 불렀는데 그 사람이 눈도 마주치지 않고 고개도 돌리지 않는다면 기분이 어떨까요? 어떤 생각이 들까요?"

이런 질문들을 통해 그는 지금껏 자신의 말과 행동이 주변 인원들에게 자신이 어떻게 비추어졌을지 생각해보게끔 하였다. 그럼에도 불구하고 상담 결과는 좋지 않았다. 그는 몇 번의 노력을 했지만 주변 인원들과 관계 개선은 쉽지 않았다. 이미 감정의 골이 너무 깊어진 상태였기 때문이다. 결국 그는 다른 부대로 전출을 갔다. 결론적으로 그는 새로운 환경에서는 그럭저럭 잘 지냈다. 왜 진작 옮기지 않았을까? 하는 생각이 들 정도로 그는 만족해했다. 그런 의미에서 새로운 노력은 새로운 환경에서 해보는 것도 나쁘지 않다는 생각이다.

만일 이 책을 읽고 있는 여러분도 새로운 노력을 해보고 싶은데 잘 안되고, 엄두가 나질 않는 다면 다른 생활관, 중대, 포대, 부대로의 이동을 고려해보는 것도 좋을 것 같다. 새로운 환경에서는 새로운 시도를 더 수월하게 만들어 줄 수 있기 때문이다.

07. 새로운 변화를 위해 새로운 노력을 시작했다는 것, 그 자체가 중요.

F용사와 상담을 했다. 그는 나와 이미 몇 차례 상담을 하고 목표를 세웠고, 그 목표를 달성하기 위한 노력을 시작했다. 매일은 아니지만 일주일에 몇 번은 연등도 하고 영어단어도 외우고, 자기 계발서도 읽기 시작했다고 했다. 하지만 그는 그런 자신에 대해 100% 만족해 하고 있지는 않은 듯했다. 노력을 시작했음에도 스스로 많이 부족하다고 생각하고 있었다. 나는 그에게 이런 말을 해주었다.

"괜찮아요. 새로운 변화를 위해 노력을 시작했다는 것, 그 자체가 중요한 겁니다. 행동을 시작했잖아요. 그 자체가 중요한 겁니다. 이제는 그 노력을 계속 이어나가면 됩니다. 물론 잘될 때도 있고, 잘 안될 때도 있을 것입니다. 노력이라는 게 원래 그렇습니다. 올라 갔다 내려가고, 또 올라갔다, 내려가고 할 겁니다. 그런데 중요한 건 어느 순간 뒤돌아 보면 올라가 있다는 것입니다. 개선되어 있다는 것입니다."

그렇다. 새로운 변화를 위해 노력을 시작했다는 것, 그 자체가 중요하다.

여러분들도 어떤 결심을 하고 노력을 이어가고 있는 과정에 있을 수 있다. 몇 번 노력을 해보다가 잘 안되는 것 같아 좌절감을 느끼고 있는 중일 수 있다. 그런데 냉정히 생각해 보자. 한 번, 두 번 해보고 만족스러운 결과가 나올 수 있는 일이 얼마나 되겠는가? 몇 번의 노력, 시도만으로 성공하는 경우가 얼마나 되겠는가? 그렇게 한 성공은 오래 가지도 않는다. 오랜 노력, 오랜 시도 끝에 찾아온 성공이 그만큼 더 튼튼하고 오래간다.

그럼 중요한 것은 무엇일까?

포기 하지 않는 것이다. 포기하지 않고 이어가는 노력이다. 여러분이 해야 할 것은 포기 하지 않는 것이다. 여러분이 해야 할 것은 성공하는 것이 아니다. 여러분이 지금 당장 해야 할 것은 포기 하지 않는 것이다. 포기하지 않다 보면 성공할 수 있다. 그러니 우선은 성공하는 것을 목표로 하지 말고, 포기 하지 않는 것을 목표로 하자. 지금 당장은 성공하는 것보다 포기하지 않는 것이 중요하다.

상담을 진행했던 또 다른 G용사가 있었다. 그에게는 나쁜 버릇이 있었다. 혼잣말로 부정적 얘기들을 하는 것이다. 예를 들어 "(삽질 작업을 하며) 아 씨 내가 이런 거 하려고 군대 왔나!", "(생활관에서 혼자서 휴대폰 게임을 하며) 아 이 XX 여기서 이러면 어쩌라는 거야. XX 짜증나네" 이런 식이었다. 이러한 말버릇과 습관으로 인해 주위 동료들로부터 미움을 샀다. 대인관계에 부정적 영향을 미쳤다. 물론 혼잣말을 할 수는 있다. 하지만 그 말을 누군가 계속해서 들으면 더 이상 혼잣말이 아니다. 더욱이 그 내용이 욕설, 짜증, 체념과 같은 부정적 내용이면 주위에 부정적 영향을 끼칠 수 있다. 주변 사람들이 그의 그런 부정적 혼잣말을 지속해서 들어야 하지 않는가? 그도 처음에는 의식하지 못했지만 주변 사람들에게 나쁜 영향을 끼치는 것을 인지하고 고치려고 마음 먹었다. 고치기로 마음 먹고 난후 몇 주가 지난 뒤에 상담을 할 때 내가 물어 물었다.
"안 좋은 말로 혼잣말 하는 습관을 고치려고 하는 노력은 잘되고 있나요?"
"아니요. 그게 잘 되지 않습니다...그냥 안 될 것 같습니다..."

그는 좌절감을 느끼고 있었다. 몇 번 해봐도 잘 안되니 그냥 단념하고 체념하고 있는 듯 했다. 나는 그에게 이런 말을 해주었다.

"아니오. 잘하고 있는 겁니다. OO 용사님이 무언가를 고치려고 마음을 먹었고, 그 마음에 따라 변화 노력을 시작했다는 것이 중요한 겁니다. 무슨 일이든 한 번에 되는 일은 없습니다. 시도해 보고 실패하고, 시도해 보고 실패하고, 이런 과정을 겪음으로써 점점 성공에 다가가는 것이죠. 한 번에 원하는 변화를 이루어 낼 수 있다고 생각하지 마세요. 한 번에 용사들과 친해질 수 있다고 생각하지 마세요."

이런 말을 하니 민서 그 용사도 조금은 수긍을 하는 듯 했다.
혹시 여러분 중에도 병영생활을 하며 어떤 결심을 한 용사가 있을 것이다.

'사람들과 좀 더 친해져야지'
'운동을 꾸준히 해야지'
'자격증 시험에 합격해야지'

노력한만큼 잘 안될때도 있다. 기대한 만큼 결과가 빨리 안나올수도 있다. 하지만 무언가 새로운 결심을 하고 새로운 노력을 시작했다는 것 자체가 중요하다. 다시 강조하지만 지금 여러분이 해야 하는 것은 성공하는 것이 아니다. 포기 하지 않는 것이다.

2차 세계 대전 중 영국을 이끌며 연합국 승리에 가장 큰 공로를 세웠던 윈스턴 처칠의 말을 기억하면 좋겠다.

"절대로, 절대로, 절대로, 포기하지 마라."
("Never, never, never give up.")

08. 말투를 고치고 싶어 했던 용사는 무엇을 먼저 고쳐야 했을까?

H 용사가 상담관실을 찾아왔다. 자신의 말투를 고치고 싶어 했다. 그 이유를 물으니 그는 이렇게 대답했다.

"한 후임으로부터 이런 얘기를 들었어요. 제 말에 날이 서 있답니다. 제가 말할 때 문제의 잘못을 상대방의 탓으로 돌리는 것처럼 느껴진대요. 제가 하는 말을 듣고 있으면 기분이 안 좋아 진다는 거예요. 제가 생각해도 그런 것 같기는 해요. 제가 말할 때 상대방의 말을 자주 끊는 것 같고, 〈아니 아니〉 이런 말을 하면서 상대의 말을 자주 부정하는 것 같기는 합니다. 제 말투를 어떻게 고치면 좋을까요?"

나는 그가 왜 그런 식의 말투를 갖게 되었을까? 생각해 보았다. 그의 이야기를 듣고 있으니 그의 말투는 그의 심리상태에서 나온 듯했다. 말은 마음의 반영이니까. 그는 기본적으로 자존감이 매우 낮은 것처럼 느껴졌다. 자기 자신의 능력을 평가해보도록 했다. 10점 만점에 4점이라도 대답했다. 그에게는 어떤 일이 있었던 것일까?

그가 초등학생 때였다. 부모님에게 사정이 생겨서 그의 가족은 갑작스레 다른 지역으로 이사를 가게 되었다. 부모님의 지시로 그동안 친하게 지내던 친구들과도 더 이상 연락을 할 수 없었다고 한다. 당시 부모님께서 그 용사에게 왜 그런 지시를 하셨는지 이해가 잘 되지 않았다. 어쨌든 그는 갑작스런 변화에 적응하지 못했다. 새로 전학간 학교에서 따돌림을 받기 시작했다. 그때부터 그는 자신 처지를 비관하고 "나는 당당하지 못한 사람, 쓸모가 없는 사람, 능력이 없는 사람"이라는 생각을 가지게 되었다. 그때부터 그의 자존감은 바닥을 쳤다. 모든 일에 자신이 없었다. 그러면서 실수에 대한 부담감이 커졌다(이 부분이 중요하다). 자신이 실수를 하는 것은 남들에게 자신의 능력 없는 모습, 못한 모습이 탄로나는 것이었다고 생각했기 때문이다.

그가 남들보다 특히 "실수"에 대해 민감해했던 이유이다. 그런 불안한 마음으로 살아가다 보니 평소에도 긴장감의 수준이 높았다. 긴장감의 수준이 높다 보니 말하는 방식에도 영향을 받았다. 긴장하다 보니 말도 빨리 하게 되고, 말을 빨리 하다보니 발음이 부정확해졌을 가능성이 높았다. 자신도 모르게 상대의 말도 끊게 되고 상대의 말을 부정하게 되는 경우도 잦아진 것으로 보였다.

평소 긴장을 많이 하거나 불안감이 높은 사람은 대화 중에 상대방의 말을 자주 끊거나 부정 반응을 보이는 경향이 있다는 연구 결과도 있다. 미국 오하이오 대학교 심리학과, 저스틴 윅스Justin Weeks교수와 동료 연구자들이 수행한 연구에 따르면 불안감이 높은 사람은 대화 중에 상대방의 말을 끊고 자기 주장을 강하게 하는 경우가 많은 것으로 나타났다. 불안감으로 인해 상대방의 말을 완전히 듣지 않고 자신의 반응을 먼저 내놓기 때문이라는 것이다.

다시 말하지만 그는 자신의 말투를 고치기 위해 찾아 왔지만 내가 보기엔 말투보다 자신감 회복이 먼저였다. 긴장하고 불안해 하는 습관을 고치고, 자신감을 높일 필요가 있었다. 그의 습관과 감정이 문제였던 것이다. 그에게 이런 점을 강조하고 싶었다.

"실수에 대해 그렇게 민감해할 필요가 없어요, 누구나 실수를 할 수 있죠. 중요한 것은 실수를 전혀 안 하는 것이 아니라, 실수를 했을 때 그것을 어떻게 받아들이고, 동일한 실수를 반복하지 않기 위해 어떤 노력을 하느냐죠"

긴장하는 상태에서는 누구나 말이 빨라지고 횡설수설할 수밖에 없다. 마음이 안정되면 말도 안정된다. 말하는 속도도 안정되고, 발음도 더 정확해질 수 있다. 말의 내용도 더욱 이성적, 합리적으로 변할 수 있다. 목소리가 작거나 말끝을 자꾸 흐리는 사람은 뭔가 자신감 없고 불안함 심리상태를 가지고 있을 가능성이 높다.

그와 이후에 진행한 상담에서는 단순히 말투를 고치기 위해서가 아닌 왜 그렇게 쉽게 불안해하고 긴장하는지, 그런 특징을 어떻게 하면 고쳐나갈 수 있는지에 초점을 맞추었다. 이러한 방향으로 상담을 진행하고 자신도 노력을 이어가다 보면 현재의 말투 문제도 자연스럽게 고칠 수 있을 것이라 믿는다.

혹시 여러분 중에도 자신의 말투나 말하는 방식이 문제라고 생각되는 용사가 있는가? 그런 경우 물론 말투 자체를 고치려 하는 것도 중요하지만 그런 말투가 생겨난 원인에는 무엇이 있는지, 주로 어떤 심리상태에 있는지를 먼저 확인해보길 바란다.

말투는 마음의 반영이다.

09. 가스라이팅, 군대에서도 조심해야 하는 이유

I 용사와 상담을 했다. 병장인데 상담실을 찾아온 것이 의아하긴 했다. '엥? 병장인데 무슨 일로 상담실을 찾아왔을까?'

그의 말을 들어보니 내용은 이러했다. 그는 동기 중 두 명에게 불편함을 느끼고 있었다. 그들은 I 용사에게 선을 넘는 장난을 쳤다. 뜀걸음을 하는 도중에 바지를 벗겼다고 했다. I 용사는 깜짝 놀라며 그도 상대의 바지를 내렸다. 장난을 쳤던 그 용사에게 그 이유를 물어보자 상대는 이렇게 답했다고 했다 "에이 장난인데 왜 그래? 너 너무 예민해. 나는 네가 내 바지를 내렸을 때 하나도 기분 안 나빴어"

처음에는 I 용사도 '그런가? 내가 너무 예민한건가?'하는 생각이 들었다. 그러면서 자신을 탓하기 시작했고, 자신에게 문제가 있다고 생각했다. '내가 너무 예민해서 그런 것일수도 있겠다. 그냥 참고 넘어가자' 그런데 그런 대우를 계속 당하고 자신을 탓하는 생각이 지속되니 밤에 잠도 잘 오지 않았다. 잠이 드는데 3~40분 이상 소요되었고, 잠이 든 이후에도 수시로 깨어났다고 했다. 전형적인 수면 장애 증상으로 보였다. 소화불량 증상도 찾아왔다. 그러는 와중에도 자신이 너무 예민한 탓이라고 생각했다.

일종의 가스라이팅이었다. 그는 불편하고 이상함을 느꼈어도 상대가 "네가 예민해서 그런거야"라고 반복적으로 주입을 하니 그게 맞다고 생각까지 하게 된 것이었다. 그러다 우연히 어떤 책을 보게 되었는데 그 책을 통해 자신이 가스라이팅을 당하고 있는 것일 수도 있다는 생각을 하게 되었다.

그러다 용기를 내어 상담관실을 찾아온 것이었다.
나는 그에게 참 잘 찾아왔다고 말해주었다.

군생활에서 가스라이팅을 더욱 조심해야 하는 이유 몇 가지를 살펴보자.

첫 번째, 제한된 환경과 사회적 거리감 때문이다. 군대에서는 제한된 환경에서 대인관계를 형성하게 된다. 용사들은 외부와의 접촉이 제한적이다. 이러한 환경에서는 특정 집단이나 개인의 의견이 누군가에게 강하게 영향을 미칠 수 있다. 자신의 감정이나 생각을 올바르게 판단하기 어렵게 될 수 있다. 가스라이팅은 피해자에게 지속적인 자기 의심과 불안감을 초래하며, 스스로의 감정이나 판단을 신뢰하지 못하게 만든다. 군대에서 가스라이팅을 받게 되면 대처가 더 어려워질 수 있는 이유다.

두 번째, 군대의 위계질서 때문이다. 군대는 위계질서를 갖추고 있으며, 상명하복의 구조다. 이로 인해 선임으로부터 불합리한 대우를 받아도 이를 지적하기 어렵고, 불편함이나 불만을 표현하기 어려운 경우가 있을 수 있다. 가스라이팅을 당하는 사람은 이러한 권위적 구조에 의해 자신의 감정을 문제 삼기 어려워하고, 자신의 잘못이라고 자책할 위험이 있다. 명령과 규율을 따르는 것이 중요하기 때문에, 개인의 비판적 사고나 감정적 반응이 억제될 수 있는 것이다.

세 번째, 집단 압력과 동조 분위기가 발생할 수 있다는 점 때문이다. 군대 내에서 동료와의 관계는 중요하며, 이 과정에서 집단의 영향력이 커질 수 있다. 특정 인원이나 몇몇 인원이 분위기를 주도하거나 장난을 치는 경우, 그에 따라 다른 사람들도 동조하거나 참아야 한다는 압력을 느낄 수 있다. 이로 인해 자신의 감정을 표현하거나 문제를 제기하기 어려워지며, 가스라이팅의 피해를 자각하기 힘들어질 수 있다.

혹시 여러분 중에도 가스라이팅 피해자가 있을 수 있다. 자신이 가스라이팅을 당하고 있는지 몇 가지 질문을 통해 확인해보자. 연인관계를 가정하

고 만든 질문이지만 병영생활을 하고 있는 여러분들도 한번 쯤 참고해보면 좋을 듯 하다

1. 왠지 몰라도 결국 항상 그 사람 방식대로 일이 진행된다.
2. 그 사람에게 "너는 너무 예민해", "이게 네가 무시당하는 이유야", "비난 받아도 참아야지", "나는 그런 이야기 한 적 없어. 너 혼자 상상한 것이겠지" 등의 말을 들은 적 있다.
3. 그 사람의 행동에 대해 주변 사람들에게 자주 변명한다.
4. 그 사람을 만나기 전 잘못한 일이 없는지 자주 변명한다.
5. 그 사람이 윽박지를까봐 거짓말을 하게 된다.
6. 그를 알기 전보다 자신감이 없어지고 삶을 즐기지 못하게 됐다.

특히 2번의 질문은 병영생활에도 충분히 적용해볼 수 있는 질문이다. 군생활을 하며 이런 감정이나 생각이 든 적은 없는지 확인해보자. 혹시 자신이 가스라이팅을 받고 있는 것 같은 생각이 든다면, 믿을만한 용사나 간부, 지휘관에게 도움을 청하자. 병영생활전문상담관을 찾는 것도 좋다. 가스라이팅의 특성상 자신도 모르는 사이 큰 피해를 입고 있을 수 있다. 초기에 인지하고 초기에 도움을 받는 것이 중요하다.

10. 뜀걸음에 동참하고 싶은데 체중 때문에 힘들어요. 억지로라도 해야 할까요?

J 용사가 상담관실을 찾아왔다. 딱 봐도 몸무게가 많이 나가는 체형이었다. 그 용사는 전입한 지 한달도 안된 전입 신병이었다. 그는 고민을 털어놓았다.

"다른 사람들과 함께 뜀걸음을 하고 싶은데 몸이 잘 따라주지를 못합니다."

그는 다른 인원들과 함께 뛰고 싶은 마음이 있었다. 남들이 모두 뛰어갈 때 자신은 뛰지 못하고 열외 하는 모습을 스스로 감당하기 어려워 했던 것 같다. 아무래도 눈치가 많이 보였을 것이다. 그런 마음이 충분히 이해가 된다.

특히 신병 때는 단체 행동에서 빠지게 되면 눈치가 보이고 신경이 더 쓰일 수밖에 없다. 다른 모든 사람들이 자신을 안 좋게 볼 것 같은 위기감, 불안감도 느낀다. 누구라도 그런 상황에 있다면 그런 생각이 들것이다. 처음부터 찍히고 싶은 마음이 드는 사람은 없을 테니까 말이다.

그런데 문제는 그의 몸이 따라주지 않는다는 거였다. 그는 170cm 정도 키에 110kg이 넘었다. 과체중이었다. 그런 몸 상태로 뛰면 무릎에 무리가 갈 것이 뻔했다. 그렇게 되면 기본적 임무 수행에도 어려움이 생길 수 있었다.

과체중이나 비만인 경우, 무리한 운동(특히 고강도 운동)은 신체에 부상을 초래할 가능성이 높으며, 장기적으로 운동 지속성을 해칠 수 있다고 한다. 적절한 강도로 운동을 시작하는 것이 중요하다. 마음만 앞서서 무리한 운동을 하면 안된다.

그럼 어떻게 하면 좋을까? 다른 인원들과 함께 뛰자니 몸이 따라주지 않고, 그렇다고 열외를 하자니 눈치가 보이는 상황인데 말이다. 이러지도 저러지도 못하는 상황이었다. 내가 그에게 추천해준 방법은 다음과 같았다.

"다른 인원들과 함께 뛰지 말고 함께 걸으세요"

그랬다. 나는 그에게 "뛰는 것"이 아닌 "걷는 것"을 제안했다. 사실 그들 입장에서는 동료가 자신들과 함께 한다는 느낌이 중요한 것이지, 반드시 뛰는 것이 중요한 것이 아니다.

한 연구에 따르면, 운동이 사회적 활동과 결합될 때 심리적 만족도가 높아지며, 운동 지속성도 증가한다고 한다. 함께 걷기를 통해 그들과 함께 운동한다는 느낌을 서로 소유함으로써 신체적으로 무리하지 않으면서 소속감을 느낄 수 있다는 의미다. 이는 특히 신병이나 단체 생활을 하는 사람들에게 중요한 요소다.

책의 앞부분에서도 얘기를 했지만 일단은 자신의 몸을 지키는 것이 중요하다. 자신의 몸을 해치면서까지 함께 하려고 하는 것은 피해야 한다. 군대에서는 일단 다치면 안된다. 몸도 마음도 다치지 않는 것이 중요하다.

다른 인원들과 함께 뛰고 싶은 마음은 이해한다. 하지만 몸에 무리가 가지 않는 범위내에서 하자.

상대의 입장에서도 마찬가지다. 앞서도 말했듯, 그들에게는 해당용사가 자신들과 함께 하고 싶은 마음을 확인하는 것이 의미가 있는 것이지, 해당 용사가 뛰는 모습을 보고 싶은 것은 아니다. 함께 걷는 모습만이라도 보여준다면 그들은 이런 생각을 할 것이다.

'아 00이가 그래도 빠지지 않고 우리와 함께 하려고 애를 쓰는 구나'

이런 생각을 하며, 해당 용사에 대한 기특한 마음, 대견한 마음, 친근한 마음 등을 느낄 수 있다.

그러니 무리하지 말자. 그들에게 반드시 뛰는 모습을 보여줄 필요는 없다. 그들과 함께 하고 싶다는 마음과 의미를 그들에게 보여주는 것이 중요하다. 그런 모습을 보여주다 보면 서로에 대한 호감이 증가할 것으로 믿는다. J 용사도 좀 더 편안한 마음으로 부대 생활에 적응해 나갈 것이라고 믿는다. 여러분 중에도 J용사와 같은 상황에 있는 용사가 있다면 무리하지 않도록 주의하자. 자신의 몸을 우선 건강히 하는 것이 다른 용사들과도 건강하게 어울릴 수 있는 지름길이다.

Ⅲ

모든 것이
제 잘못같이 느껴집니다.

병영생활 고민상담소

11. 뭘 깨부숴야지만 스트레스가 풀리는데, 어떻게 하면 좋을까요?

당연한 말이지만 스트레스를 푸는 것은 중요하다. 스트레스를 제때 풀지 못하면 다양한 문제가 생길 수 있기 때문이다. 그것은 군대에서도 마찬가지다. K 용사와 상담을 했다. 그는 일병 3호봉이 넘도록 병영생활에 잘 적응을 하지 못하고 있었다. 적응을 잘 하지 못하는 상황에서 발생한 스트레스를 제대로 해소하지도 못했다. 이것이 때로는 공격적 행동으로 나타났다. 주체할 수 없는 화와 분노로 인해 생활관의 창문을 주먹으로 깨부순 적도 있다. 피가 흐르고 유리 파편이 손에 튀어 치료를 받아야 했음은 당연하다. 그는 그렇게 자신의 스트레스, 분노를 참지 못하고 상담관실까지 오게 되었다. 그런 그에게 물어보았다.

"그런 행동을 할 정도로 스트레스를 많이 받았었나 보군요."
"네…"
"입대 하기 전, 사회에 있을 때는 어땠나요? 그때도 스트레스를 받는 경우가 있었을 텐데요. 그때는 어떻게 했었나요?"
"그때는 스트레스 해소방을 갔었습니다"

그랬다. 그는 스트레스를 해소하기 위해 스트레스 해소방을 갔었다고 한다. 그곳에서는 무엇이든 집어 던지고 깨부술 수 있다고 한다. 그렇게 스트레스를 풀 수 있다고 한다. 물론 그런 마음은 이해가 간다. 어떻게 해서라도 스트레스를 해소하려고 하는 것이니까 말이다. 돈을 주고 합법적 방법으로 스트레스를 해소하는 것이니까 말이다. 하지만 우려가 된다. 그런 방식으로 스트레스를 해소하던 사람들이 군대에 입대하면 군대에서는 어떻게 스트레스를 풀 수 있단 말인가? 그런 방식으로 스트레스를 해소하는 것은 어렵다. 스트레스는 똑같이 받는데 해소하지 못하면 큰 일이 아닐 수 없다.

군대에서 그런 식으로 스트레스를 풀 수는 없다. 당연한 얘기지만 매번 그러한 방법으로 스트레스를 풀 수는 없다.

공격적 행동을 통해 스트레스를 푸는 것은 심리적으로 좋지 않다. 오하이오 주립대학교 심리학과 부시맨Bushman 교수가 수행한 연구에 따르면, 분노를 해소하기 위해 공격적인 행동을 하는 사람들은 오히려 더 많은 분노를 경험할 가능성이 높은 것으로 나타났다. 예를 들어, 펀치백을 치는 것이 분노를 가라앉히는 대신 더 많은 공격성을 유발한다는 것이다.

이처럼 난폭한 행동을 통해 스트레스를 해소하는 것은 분노와 같은 부정적 감정을 더 자주 느끼게 만들 수 있으며, 이는 우울증, 불안, 대인관계 문제 등을 초래할 수 있다. 또한 이러한 방법이 문제 해결이나 정서적 조절을 돕는 건강한 전략으로 대체되지 않을 경우, 지속적인 심리적 불안감이 나타날 수 있다.

그럼 군대에서는 스트레스를 어떻게 푸는 것이 좋을까?

다양한 활동을 해보는 것이 좋겠다. 운동, 그림그리기, 음악감상, 음악연주, 대화, 영화나 드라마 시청 등 그 방법은 다양하다.
그 중에서도 창의적 활동을 통한 스트레스 해소를 추천하고 싶다.

창의적 활동은 감정과 생각을 자유롭게 표현할 수 있는 방법이다. 이는 단순한 취미 이상으로, 정신 건강을 유지하고 스트레스를 관리하는데 도움을 줄 수 있다. 뭔가를 고민하고 만들어내고 표현하는 활동은 스트레스 호르몬인 코르티솔의 분비를 줄이는 데 도움을 준다. 예를 들어, 그림을 그리거나 음악을 연주할 때, 뇌는 평온함과 집중 상태를 유지하게 되어 스트레스를 해소하는 효과를 볼 수 있다고 한다.

창의적 활동을 통해 성취감을 느끼며 긍정적 정서를 경험할 수 있다. 어려운 환경에서도 마음의 균형을 유지하는 데 도움이 된다. 실제로 제2차 세계대전 당시 미군 참모총장이었던 조지 마셜George Marshall은 전쟁 중에도 피아노를 연주하며 스트레스를 해소했다고 한다. 마셜은 지휘관으로서 엄청난 압박과 책임을 감당해야 했으며, 피아노 연주는 그가 정신적 안정을 유지하는 데 큰 도움이 되었다고 한다. 음악은 그에게 전쟁의 긴장감을 잠시나마 잊을 수 있는 탈출구였으며, 그가 전략적으로 중요한 결정을 내리는 데 도움을 주었다.

창의적 활동이라고 해서 뭔가 거창한 것이라고 생각할 필요도 없다. 자신의 감정과 느낌을 바탕으로 그냥 표현하면 된다. 그리고 싶은 그림을 그려도 되고, 연주하고 싶은 악기가 부대 안에 있으면 연주를 해봐도 된다. 노래를 불러보고 싶으면 노래를 불러도 되고, 뭔가 조립을 하거나 만들어 보고 싶으면 그렇게 해보면 된다. 상담을 했던 많은 용사들이 스트레스를 푸는 방법은 다양했다. 상담을 진행했던 한 용사는 전공을 살려 포토샵을 통해 공모전에 참가하였다. 또 다른 용사는 그림그리기를 등을 통해 스트레스를 해소할 수 있었다. 또 다른 용사는 국방부 장관이 주관하는 백일장 소설부문에 출품하기도 하였다. 수상 여부를 떠나 참여를 준비하는 과정에서 보람을 느낄 수 있었다고 한다. 그렇게 스트레스를 풀어 낸 것이다.

다시 한 번 말하지만 스트레스를 푸는 것은 중요하다. 평화롭고(?) 건강한 방법으로 스트레스를 풀자. 이왕이면 악기 연주하기, 그림그리기, 글쓰기

Ⅲ. 모든 것이 제 잘못같이 느껴집니다.

와 같은 창의적 방법으로 스트레스를 풀어보자. 남은 병영생활을 좀 더 건 경하고 의미 있게 보내는 방법이 될 것이다.

병영생활 고민상담소

Ⅲ. 모든 것이 제 잘못같이 느껴집니다.

12. 혼잣말을 할 때 주의해야 하는 이유

혼잣말을 자주 했던 M 용사가 있었다.

혼자 있는 경우에 이런 말을 혼자서 하는 경우라면 문제다 되지도 않을 수 있겠다. 하지만 문제는 주위에 누군가가 있다는 것이다.

"(다 같이 작업을 하고 있는 상황에서 한숨을 쉬며) 아이씨 힘들어 죽겠네. 내가 이런 거 하려고 군대에 들어왔나"
"(생활관에서 혼자 휴대폰으로 게임을 하고 있는 상황에서) 아 뭐야. 아이씨 이XX는 게임을 뭐 이따위로 해"

이런 식이었다.

주위에 누군가 있으면 그런 말을 들을 수 있지 않은가? 그런 말을 듣고 기분 좋을 사람이 어디 있을까? 자신에게 그런 말을 한 것이 아니어도 그런 말을 들은 사람은 기분이 좋을 리가 없다.

그 혼잣말이 욕설, 부정적 감정 표현 등과 같은 부정적 내용을 담고 있는 경우엔 문제가 더 심각해질 수 있다. 부정적 혼잣말을 들은 주위 사람의 심리에 부정적 영향을 끼친다는 연구 결과도 있다.

부정적인 혼잣말은 자신의 정신 건강에 대해서도 악영향을 미칠 수 있다. 몇 가지 면에서 살펴보면 다음과 같다.

첫 번째, 부정적 혼잣말은 우울증과 불안감을 증가시킬 수 있다. 자신에게 지속적으로 비판적이거나 비관적 메시지를 보내는 것과 같다. 이는 자기 가치감과 자존감의 하락, 우울증의 심화를 유발할 수 있다. 부정적 생각의 반복은 불안감을 증폭시키고, 스트레스 호르몬의 과도한 분비를 유발할 수 있다는 연구 결과도 있다.

두 번째, 부정적 혼잣말은 스트레스 반응을 악화시킬 수 있다. 한 연구에 따르면 부정적 사고 패턴은 신체의 스트레스 반응을 증가시키고, 장기적으로 건강에 악영향을 미칠 수 있다고 한다. 이는 결국 만성 스트레스와 관련된 다양한 신체적 문제, 예를 들어 면역력 저하, 수면 장애 등을 초래할 수 있다고 한다.

세 번째, 사회적 고립의 가능성이다. 자기 비판적 혼잣말은 사람을 더욱 내향적으로 만들고, 대인 관계에서 자신감을 잃게 하며, 이는 사회적 고립으로 이어질 수 있다. 정신 건강을 악화시키는 악순환의 고리가 만들어 질수도 있다. 실제로 위의 사례에서 소개했던 용사가 그랬다. 그는 작업을 할 때 힘이 들거나 마음이 내키지 않으면 습관적으로 욕을 했고, 그 말을 듣는 주위 사람들은 그에 대한 인식이 안 좋아지기 시작했다. 인식이 안 좋아지며 사람들은 그를 점점 멀리하게 되었고 그 M용사는 나중에 극심한 수준의 우울감, 외로움을 느꼈다고 했다.

이렇듯 부정적 말을 내뱉는 혼잣말은 자신에게도 타인에게도 좋지 않은 영향을 줄 가능성이 높다. 다시 한 번 강조하지만 혼잣말을 하는 것 자체는 문제가 아니다. 다만 그 내용이 부정적이고, 그 내용을 듣는 주위 사람 누군가가 있는 경우에는 문제가 될 수 있다. 그러므로 이 글을 읽는 여러분 중에도 혼잣말을 하는 습관이 있는 용사가 있다면, 부정적 말을 자기도 내뱉고 있지는 않은지, 그런 말을 할 때 주위에 누가 있지는 않은지 주의하자.

군대는 단체생활이기 때문에 이러한 혼잣말 행동에 좀 더 주의를 기울일 필요가 있다.

미국의 작가, 강연가인 조이스 마이어Joyce Meyer는 다음과 같이 말했다.

"The words we speak not only affect ourselves, but also everyone around us."
(우리가 하는 말은 우리 자신뿐만 아니라 우리 주위의 모든 사람에게 영향을 미친다.")
자신은 혼잣말이라고 해도 그것이 누군가가 듣는 말이 된다면, 그것은 더 이상 혼잣말이 아니다. 반드시 혼잣말을 하고 싶다면 이왕이면 좋은 말, 누군가에게 힘이 되는 말, 누군가가 들어서 기분이 좋아지는 말을 했으면 좋겠다.

Ⅲ. 모든 것이 제 잘못같이 느껴집니다.

13. 실수를 하는 제 자신이 싫습니다.

병영생활을 하는 동안 실수하는 자신의 모습에 실망을 하고 자책감을 느끼는 용사들을 자주 본다.

군대에 처음 오게 되면 대부분 좋은 모습을 보이고 싶어 한다. 선임에게 좋은 모습을 보이고 싶어진다. 선임에게 좋은 모습을 보이고, 인정을 받는 것이 능력을 인정받고 군생활에 잘 적응하는 것이라 믿기 때문이다. 물론 틀린 생각은 아니다. 누구나 새로운 조직, 새로운 환경에 들어가게 되면 좋은 모습을 보이고, 능력을 인정받고 싶다. 누구나 마찬가지다. 그러한 이유로 실수하는 모습을 보이고 싶지 않아 한다.

그런데 정말 실수를 안 할 수 있을까?

당연한 얘기지만 사람은 누구나 실수를 할 수 있다. 사람은 누구나 처음 해보는 일, 처음 들어간 곳에서 실수를 한다. 처음 들어간 학교든, 처음 들어간 회사든, 처음 들어간 동아리이든, 처음 들어간 군대든, 처음 들어간 곳에서는 누구나 실수를 한다. 처음 해보는 일이기 때문이다. 처음 겪는 과정이기 때문이다. 여러분이 보기에 실수를 하나도 안 하는 사람이 있다면, 그 사람도 실수를 통해 그 모습을 갖게 된 것이라고 이해하면 된다. 이 점을 명확히 인지해야 한다.

농구 역사상 가장 위대한 선수로 꼽히는 마이클 조던은 인터뷰에서 다음과 같은 말을 한 적이 있다.

"나는 내 농구 경력에서 9,000번 이상의 슛을 놓쳤다. 300번 이상의 경기를 졌다. 경기의 승패를 결정짓는 결정적 슛을 26번 놓쳤다. 나는 계속 실수하고 실패했다. 그리고 그것이 내가 성공한 이유이다"

전 세계 농구 역사상 가장 훌륭한 선수로 꼽히는 마이클 조던 조차 실패와 실수를 성공의 이유로 확신하고 있다. 마찬가지로 여러분이 군생활을 하며 하는 실수들은 여러분이 건강하고 훌륭하게 군생활을 마무리하는데 가장 중요한 요인이 될 것이다.

그러니 실수하는 것 자체를 두려워하지 말자. 실수를 하고 아무것도 바뀌지 않고 똑같은 실수를 반복하는 것을 두려워하자. 실수를 안 하고 싶은 마음은 이해하지만 실수자체를 너무 두려워하지 말자. 실수는 적응의 과정이다. 실수하는 것 자체를 두려워하면 심리적으로 경직되어 더 많은 실수를 할 수 있다. 타인의 시선이 두려워질 수 있다. '어느 정도는 실수를 할 수 있다'고 생각하고 인정하는 태도를 갖자. 그것이 병영생활을 하는데 도움이 된다.

적당한 실수는 인간관계에도 도움이 된다. 이것은 어떤 의미일까?

첫 번째, 적당히 실수하는 모습을 보여줄 때 더 친근감이 생길 수 있다. 실수를 통해 상대방이 완벽하지 않다는 것을 보고 더 인간적으로 느낄 수 있는 관계가 가능해지기 때문이다. 실수를 하더라도 그것에 대해 솔직하게 인정하고 사과하는 것은 신뢰를 구축하는 데 도움이 된다. 미국 일리노이 대학교, 로벤놀프Robbennolt교수가 수행한 연구결과에 따르면, 사소한 실수라도 이를 솔직하게 인정하고 사과할 때 상대방과의 관계가 더 강해지는 것으로 나타났다.

두 번째, 적당한 실수는 상대방과의 공감대 형성에 도움이 된다. 공감은 인간관계에서 중요한 요소다. 상대방이 자신의 경험을 이해하고 공감할 때 유대감이 강화될 수 있다. 상대방이 같은 상황에서 느낄 수 있는 감정을 이해할 수 있기 때문이다. 미국 오클라호마 대학교 심리학과, 뱃슨Batson 교수가 수행한 연구 결과에 따르면, 자신의 실수를 공유하고 이에 대해 이야기하는 것이 관계의 친밀감을 높이는 데 도움이 되는 것으로 나타났다.

일부러 실수를 하는 사람은 없다. 누구나 잘하려다가 실수를 하는 것이다. 누구나 그 점을 안다. 우리가 누군가의 실수를 보고 '실수를 했구나, 안됐다'고 생각할 수 있는 이유다. 실수하는 것에 대해 스스로 좀 더 관대해질 필요가 있다. 그것이 여러분이 군생활에 좀 더 잘 적응하고 주변 사람들과 더 깊고 빠르게 친밀감을 형성할 수 있는 지름길이다.

일부러 실수하는 사람은 없다. 그 사실을 여러분의 선임도, 동기도 모두 잘 알고 있다. 그러니 실수한 것에 대해 너무 자책하지 말자. 그만큼 더 잘하고 똑같은 실수를 줄여나가면 된다. 중요한 것은 실수를 단 한번도 하는 것이 아니라, 실수를 한 이후의 행동이다. 실수한 것에 대해 인정하고 똑같은 실수를 하지 않도록 노력하는 모습을 보여주는 것, 그것이 병영생활에서 실수를 대하는 방법이다.

Ⅲ. 모든 것이 제 잘못같이 느껴집니다.

14. 모든 것이 제 잘못같이 느껴집니다.

병영생활을 하다 보면 모든 것이 자신의 잘못처럼 느껴질 때가 있다.

'사람들과 잘 어울리지 못하는 것은 내 잘못이야'
'내가 능력이 부족해서 사람들이 나를 싫어하는 것 같아'
'사람들이 나를 별로 안좋아 하는 것 같으니 내 성격에 문제가 있나 보다'

쉽게 말하면 자책감이다. 자신을 탓하는 마음이다. 이런 자책감은 어떤 상태에서 많이 나타날까? 특히 군생활을 하며 자책감을 느끼는 원인은 무엇일까?

군대에서 자책감을 느낄 수 있는 첫 번째 원인은 "실수가 없어야 한다는 강박관념" 때문이다. 특히 전입한지 얼마 안되는 시기에는 이런 강박관념이 더 강해질 수 있다. 실수 하지 않는 모습, 적응 잘하는 모습을 보여줌으로써 인정받고 싶고, 자신은 적응을 잘하고 있다는 인정과 느낌을 받고 싶은 욕구다.

두 번째는 자존감이 많이 낮은 상태에 있기 때문에 그럴 가능성이다. 쉽게 말하면 자존감이 낮아져 있기 때문에 조금만 일이 잘못돼도 모두 자신의 탓처럼 느껴질 수 있다. 자존감이 입대 전부터 낮아져 있는 상태에서 입대했을 수도 있고, 입대 후 군 생활을 하는 과정에서 자존감이 낮아졌을 수도 있다. 군생활을 하는 과정에서 자존감이 낮아지는 이유는 무엇일까? 여러 가지 이유가 있겠지만 군대만의 특수한 지휘체계 환경이 가장 큰 이유가 될 것이다. 군대는 엄격한 위계질서를 기반으로 운영된다. 상급자와의 관계에서 자신이 존중받지 못하거나, 지속해서 남과 비교되는 상황은 자존감을 떨어뜨릴 수 있다.

이렇게 자존감이 떨어지게 되면 별 것 아닌 일에도, 자신의 잘못이 아닌 일에도 자신을 탓할 수 있다. 한 연구에 따르면, 자존감이 낮은 사람들은 자신의 실패나 실수를 더 크게 느끼고, 이를 자신에 대한 부정적인 평가로 연결시키는 경향이 강하다고 한다. 이러한 자기 평가 방식은 자책감을 더욱 강화하는 것이다.

세 번째는 우울하고 무기력한 상태에 있기 때문에 자책감을 더 많이 느낄 수 있다는 점이다. 사회에서는 멀쩡하다가도 군대에 와서, 특히 훈련병, 이등병, 일병 시기에 이런 우울감, 무기력감을 느끼는 경우가 많다. 왜 그럴까? 군대에서는 자율성이 제한되고, 일상적 행동이나 결정이 지휘관, 부대의 명령에 의해 통제되기 때문이다. 이는 개인이 자신의 삶에 대한 통제감을 상실하게 만들 수 있으며, 무기력감을 느끼게 만드는 요인이 될 수 있다.

우울한 사람들은 자책감을 자주 느끼며, 이는 무기력감과 함께 나타날 수 있음을 설명하는 연구 결과도 있다. 해당 연구에 따르면 우울증 환자들이 무기력감을 느낄 때 자신을 비난하는 경향이 강하며, 이는 우울증을 더 악화시키는 요인으로 작용할 수 있음을 강조한다. 이는 우울한 사람들이 자신의 무기력함을 개인적인 실패로 해석하고, 자책감을 느끼며 악순환에 빠질 가능성이 높다는 것이다.

자신을 탓하는 태도는 자신에게 득이 될 것이 없다. 만일 여러분 중에 자신의 이야기에 해당하는 것처럼 느껴지는 용사가 있다면 주의를 해야 한다. 자책감을 어떻게 줄일 수 있을까? 자책하는 태도를 어떻게 바꿀 수 있을까?

첫 번째, 누구나 실수는 할 수 있는 것이라고 생각하자. 책의 이전 부분에서도 강조했고, 당연한 말이지만 실수를 하지 않는 사람은 없다. 누구나 실수를 한다. 실수를 하고 그것을 얼마나 민감하게 받아들이는지, 실수 이후에 똑같은 실수를 반복하지 않도록 얼마나 주의를 하고 노력을 기울이는지, 그 실수를 통해 얼마나 배우고 얼마나 성장할 수 있는지가 중요하다. '단 한번의 실수도 하지 않겠다'라고 생각하지 말자. '실수는 누구나 할 수 있다. 하지만 그 실수를 점점 줄여나가고 더 성장하자'라고 생각하자. 이런 생각은 병영생활에 적응해 나가는데 도움이 된다.

두 번째, '스스로를 존중하는 마음을 높이자'라는 것이다. 군대와 같은 계급사회에서 윗사람이나 동료에게 자꾸 혼이 나고 지적을 받다 보면 자존감이 떨어질 수밖에 없다. 하지만 타인의 평가와 지적이 여러분에 대한 절대적인 평가가 될 수 없다는 점을 기억하자. 여러분이 임무를 수행하는 과정에서 잘 하지 못했다고 해서 여러분이 군대 밖에서도 모든 일을 제대로 수행하지 못한다는 것을 의미하는 것이 아니다. 여러분에 대해 누군가 안 좋은 평가를 했다고 해서 여러분이 실제 그런 사람으로 확정되는 것도 아니다. 그런 평가를 참고는 할 수 있지만 여러분 본연의 가치, 본연의 능력은 훼손되는 것이 아니다. 여러분의 가치는 여러분 스스로 만들어 가는 것이다. 군대에서 만나는 사람들의 평가에 너무 휘둘리지 말자.

세 번째, 누구에게나 우울하고 무기력한 상태가 올 수 있다는 점을 기억하자. 누구나 우울할 때가 있고 무기력할 때가 있다. 이는 군대 자체가 문제가 아니다. 입대하기 전에도 누구나 우울 해봤고 무기력한 상태에 있었다.

III. 모든 것이 제 잘못같이 느껴집니다.

단지 지금은 군대에 있기 때문에 그러한 감정이 더 크게 느껴지는 것이다. 많이 들어봤겠지만 군대도 사람 사는 곳이다. 사람들과 어울려 살면서 우울할 때도 있고, 무기력해질 때도 있고 기분이 좋아질 때도 있고 기운이 날 때도 있다. '지금 좀 힘이 들지만 노력하면서 시간이 지나면 나아지겠지'라는 생각을 하자. 자신이 생각하기에 우울하고 무기력감을 느끼는 정도가 너무 강하다면, 당장 지휘관에게 말하고 군병원 정신의학과를 찾아가 보거나 병영생활전문상담관과의 심리상담을 실시해보자.

자책감, 그것은 누구나 느껴볼 수 있는 감정이고, 극복할 수 있는 감정이다.

병영생활 고민상담소

Ⅲ. 모든 것이 제 잘못같이 느껴집니다.

15. 무조건 타인을 먼저 의식하면 안되는 이유

N 용사는 자신감이 몹시 낮은 상태에 있었다다. 심리적으로 몹시 위축되어 보였다. 초등학교 고학년 당시엔 말썽 꾸러기였다고 한다. 주위 친구들을 놀리거나 그들에게 심하게 장난을 치기도 했다. 어느 날 어머니가 학교로 불려가셨다. 학교에서는 어머니에게 그에 대한 당부를 했다고 한다. 그 일이 있은 후 어머니는 N용사에게 눈물을 보이셨다. 그에게는 그 모습이 충격이었나보다. 자신이 그토록 사랑하는 어머니를 힘들게 했다는 자책감, 죄책감이 밀려왔기 때문이다. 어떤 아들이건, 자식이건 간에 어머니의 그런 모습을 보고 죄책감을 느낄 수 있을 것이다. 문제는 그 감정이 너무 크게 왔다는 것이다.

그 이후 N용사는 자신을 탓하며 자신의 말과 행동이 누군가에게 상처가 될 수도 있다는 점을 느꼈다. 타인에게 피해를 끼치지 말아야 한다는 생각을 극단적으로 하게 되었다. 타인에게 피해를 주지 말아야 한다는 의식은 날이 갈수록 강화되었다. 성인이 된 지금까지도, 군복무를 수행하고 있는 지금까지도 남아 있는 것으로 보였다. 타인에게 피해를 주지 말아야 한다는 의식이 과도한 상태에 있었다. 그는 상담 중에도 몇 번씩 "죄송합니다"를 연발했다. 본인의 잘못이 전혀 아닌 상항에서도 "죄송합니다"를 남발했다. 그런 모습이 안타깝고 안쓰러웠다. 그러한 모습이 주변 용사들에게도 안 좋은 모습으로 보일 것 같았다. 자신감이 없어 보였기 때문이다. '그의 후임들이 그를 어떻게 볼까?' 라는 걱정도 되었다. 들었다. 최근에는 이런 일도 있었다고 했다.

그는 생활관에서 라벤더를 키우기 시작했다. 콜라 캔을 반으로 잘라 거기다 라벤더 씨앗을 심었던 것이다. 그리고 생활관 창문에 두고 정성스레 키우기 시작했다.

그 말을 듣고 내가 물었다.

"잘했네요. 보기 좋을 것 같은데요. 그 라벤더를 보고 주위 동기들이 뭐라고 하나요?"
"아 대체로 신기하다는 반응이었습니다. 그런데 한편으로는 제가 피해를 주고 있는 것은 아닌가 걱정이 되기도 하고..."
"피해요? 무슨 피해요?"
"아 남들과 같이 생활하는 공간에, 창문에 화분을 두어서...어쨌든 무언가를 둔 것이지 않습니까..."

그의 말을 들으며 이해가 안됐다. 다른 것도 아니고 화분을 실내에 놓아두었는데 그것을 싫어할 사람이 있을까? 아니 설령 있더라도 그것을 걱정부터 하는 상혁 용사의 마음이 이해가 가질 않았다. 그는 자신의 말과 행동을 극도로 조심하고 있는 상태였다. 근무를 설 때도, 훈련을 할때도, 외출·외박·휴가를 나갈 때도 자신이 주변 사람들에게 피해를 주고 있는 것은 아닌지 걱정부터 하는 습관이 있었다. 그런 그의 모습을 보며 사람들이 상혁 용사가 늘 자신감이 없고 답답하다고 느끼고 있는 듯했다.

이 문제를 어떻게 해결하면 좋을까? 여러분 중에도 이와 비슷한 상황에 있는 용사가 있는가? 물론 타인에 대한 배려는 중요하다. 하지만 그것도 어디까지나 자신이 있는 상태에서 진행되어야 한다. 무조건 남부터 생각하고, 남의 시선부터 신경을 쓰고, 남에게 피해를 주는지 여부가 첫 번째 판단 기준이 되어서는 안된다. 일단은 자신의 입장에서 하고 싶은 말, 행동이 무엇인지를 따져보고 그것을 했을 때 타인에게 피해를 주는 것인지 따져보는 자세가 필요하다. 처음부터 남을 의식하는 습관은 자신감의 저하를 가져올 수밖에 없다.

자신감이 낮아지면 우울, 불안 등의 부정적 감정이 상승한다는 연구결과도 있다. 스위스 베른 대학교 심리학과, 울리히 오르트Ulrich Orth 교수와 연구진은 자존감 변화와 우울증 사이의 종단적 관계, 즉 시간의 흐름에 따라 분석했다. 결과에 따르면, 자존감이 낮아질수록 우울증 증상이 증가할 가능성이 크며, 자존감의 저하가 우울증의 발병에 중요한 요인으로 작용할 수 있는 것으로 나타났다.

이 책을 읽고 있는 여러분 중에도 타인에게 피해를 주지 말아야 한다는 생각이 너무 강한 사람이 있는가? 살면서 절대로 남들에게 피해를 주지 말아야 한다는 사람이 있는가? 이로 인해 우울감을 느끼고 있지는 않은가? 물론 타인에게 피해를 주지 않는 것은 중요하다. 하지만 그 생각과 태도가 과도한 수준이어서는 곤란하다. 타인을 과도하게 생각하는 태도는 자신에게도 좋을 것이 없고 결국 타인에게도 좋을 것이 없다. 자신을 저버리고 타인만을 생각하는데 어떤 타인이 마냥 좋아만하겠는가? 타인을 생각하는 것만큼 자신을 생각하는 습관도 갖자.

다음 말은 영어권 국가에서 흔히 인용되는 말이다.
"빈 컵으로는 물을 따를 수 없다. 당신 자신을 먼저 돌보라."
("You can't pour from an empty cup. Take care of yourself first")

누군가를 채워주기 위해서는 자기 자신을 먼저 채워야 한다는 의미다. 누

Ⅲ. 모든 것이 제 잘못같이 느껴집니다.

군가를 채워주고 싶은가? 누군가를 도와주고 싶은가? 그럼 자기 자신을 먼저 채우자. 자신을 먼저 챙겨보자. 그것이 순서다.

Ⅳ

쉽게 말하지 못하는
자신만의 힘겨움은 누구에게나 있다

병영생활 고민상담소

16. 부모님 사이가 너무 좋지 않아요

O 용사가 있었다. 그는 부모님 각각과는 사이가 좋았다. 아버지와도 사이가 좋았고, 어머니와도 사이가 좋았다. 문제는 부모님끼리 사이였다. 아버지와 어머니 사이가 좋지 않았다고 했다. 입대하기 전에도 부모님끼리 다투시는 모습을 몇 번 보았다고 했다. 입대를 하는 와중에도 부모님이 또 싸우실까봐 걱정이 되었다고 했다. 누나가 있는데 누나 혼자서 부모님 사이를 중재하려고 하니 더 걱정이 되었다고 했다. 그러면서 어느 날 그는 나와의 상담 중에 나에게 물어봤다.

"상담관님, 부모님끼리 이렇게 사이가 안 좋은데 어떻게 하면 좋을까요? 참 걱정입니다."

부모님끼리 사이가 안 좋은 이유가 무엇인지 물어보았다. 그가 생각하기에는 어머니의 외도가 가장 큰 원인인 듯 하다고 했다. 몇 년전 어머니께서 잠시 외도를 하였고, 그 일로 인해 아버지는 어머니에 대한 실망을 하셨다고 했다. 이후 아버지는 어머니에 대한 신뢰를 잃어버리신 것 같다고 했다. 그 말을 듣고 아버지의 마음도 이해가 되었다. 마음이 좋지 않았다. 한편으로는 O용사가 더욱 걱정이 되었다. 다른 일도 아니고 그런 일도 사이가 멀어진 부모님을 바라보는 자식의 마음이 어떨까?

문제가 있을 때 중요한 점은, 그 문제를 해결하기 위해 할 수 있는 일과 할 수 없는 일을 명확히 구분하는 것이다. 부모님의 관계 문제는 본질적으로 두 분 사이의 문제이다. 자식으로서 아무리 도와주고 싶더라도, 이것은 부모님이 직접 해결해야 할 문제다. 냉정하게 들릴지 모르지만 어쩔 수 없다. 그 관계를 다시 회복하시거나, 종결할지 결정하는 것은 오롯이 두 분의 몫이다. 부부상담 전문가로 유명한 심리학자 존 가트맨 박사는 부부 관계에서 가장 중요한 요소로 "서로의 감정과 생각을 존중하는 것"을 꼽았다. 자식이 개입하는 것이 부모님의 입장에서는 존중받지 못하는 것이라고 느껴질 수도 있다. 부모님의 감정이 더욱 복잡해질 수 있으며, 문제가 악화될 수 있다.

그렇다면 부모님끼리의 문제를 자식 입장에서 손 놓고 보고만 있어야 하는가? 그건 아니다. 아들로서 자식으로서 부모님 각자에게 감정적 지지와 이해를 보여주는 것이 중요하다. 부모님과 개별적으로 대화를 나누며 그들의 감정을 경청하고, 그들이 혼자가 아니라는 사실을 상기시켜 주는 것이 필요하다. 부모님 중 어떤 한 분의 편이 아니라 자녀로서 부모 모두를 사랑하고 지지하고 있다는 마음을 표현해야 한다. 부모님 각자의 이야기를 들어주고, 그 분들이 필요한 만큼 그 자리에 있어 주는 것만으로도 큰 힘이 될 수 있다.

자식이 부모님의 갈등에 너무 깊이 개입하면 정작 자신의 삶을 놓칠 수도 있다. 자신의 학업, 진로, 일, 인간관계, 개인적 행복을 잊지 않고 지켜나가는 것이 중요하다. 심리학자들이 자주 말하는 것처럼, 자신의 안정감을 유지하는 것이 타인을 도울 수 있는 첫 번째 조건이다.

만약 부모님의 갈등이 심각해지고, 그로 인해 가족 전체에 영향을 미치고 있다면, 부부 상담이나 가족 상담을 부모님께 제안할 수도 있다. 외부의 객관적인 조언과 중재가 도움이 될 수도 있기 때문이다. 실제로 많은 부부들이 상담을 통해 갈등을 해소하거나 서로의 입장을 더 잘 이해하게 되는 경우가 많다.

결국, 부모님 사이의 문제는 자식이 해결할 수 있는 문제가 아니며, 이 문제로 인해 자신이 너무 무거운 책임감을 느끼지 않도록 주의하자. 혹시 여러분 중에도 이와 비슷한 고민을 하고 있는 용사나 간부가 있다면, 이를 잊지 말자. 지금처럼 부모님과의 관계를 유지하며, 그들의 이야기를 들어주는 것만으로도 충분히 역할을 하고 있다는 사실을 기억하자.

나도 O용사에게 이런 얘기를 해주었다.

"어떤 마음일지 짐작이 갑니다. 정말 불편하고 걱정이 많을 것 같아요. 다른 사람도 아니고 부모님이 그런 상태에 계시니까 말이에요. 하지만 그건 어디까지나 부모님 사이에서의 일입니다. 아무리 아들이지만, 자식이지만 그 사이에서 OO 용사가 할 수 있는 일은 많지 않아 보여요. 그냥 두 분의 문제는 두 분께서 풀어가실 수 있도록 기다려 주는 것이 최선이 아닐까 싶습니다"

아들이 어머니에게 "엄마 바람 좀 그만 피우고 다니세요"라고 말할 수 있겠는가? 그건 어머니가 수치심을 느끼실 수 있고, 자식에 대한 악감정이 더 커질 수 있는 행동이다. 아버지에게도 마찬가지다. 아버지에게 "아빠. 이제 어머니를 좀 용서해 주세요. 이해해 주세요"라고 말할 수 있겠는가? 그렇지 않다. 그건 아버지의 마음이고 생각이다. 그 마음을 그 누가 정확히 헤아릴 수 있겠는가?

다시 한번 말하지만 부모님 사이의 문제는 부모님끼리 해결하시도록 기다려 주는 것이 자식 된 도리라고 생각한다. 물론 예외도 있겠다. 폭력을 행사

하는 상황이라던가, 약물 중독, 도박중독, 심각한 채무 문제를 겪고 있는 상황이라면 바로 개입을 해야 할 것이다. 하지만 이렇게 부부사이에 발생할 수 있는 문제, 예를 들어 성격적 문제, 관계적 문제라고 하면 자식이 개입할 수 있는 범위는 제한적이다. 이 부분은 인정하자. 그저 부모님 한 분 한분과 좋은 관계를 유지하는 것만해도 아들로서, 자식으로서 충분한 역할을 하는 것이다.

병영생활 고민상담소

17. 성소수자로 병영생활을 한다는 것.

"성소수자"라는 말을 누구나 한 번쯤 들어보았을 것이다.

성소수자의 사전적 정의는 다음과 같다.

성소수자: 성별정체성, 성적지향, 성 표현 등 성적인 부분에 있어서 당대 사회의 통념과 다른 사람들. [Sexual Minority, 性少數者] (두산백과 두피디아, 두산백과)

이러한 성소수자는 더 이상 영화나 드라마 속 주인공으로만 머물러 있지 않다. 우리 주위에 누군가도 이런 성향을 가진 사람일 수 있다.

조사전문기간 갤럽의 보고서에 따르면 자신을 성소수자라고 밝힌 미국인의 비율은 2013년 3.6%에서 23년 7.1%로 늘어났다. 약 10년 사이 그 비율이 두 배 가까이 증가한 것이다.

이처럼 성소수자는 우리 일상 속에서 함께 생활하고 있다. 우리 주위에 얼마든지 있을 수 있다. 그것은 군대에도 마찬가지다. 혹시 이 글을 읽고 있는 용사나 간부 중에도 '아 이거 내 얘기인데' 하면서 공감할 사람이 있을지 모르겠다.

P 용사가 있었다. 입대 후에도 자신이 성소수자임을 밝히지 못했다. 밝혀서 좋을 것이 없다고 판단했다. 그럴만한 용기도 나지 않았다. 지휘관, 주변 인원들에게도 말하지 않았다. 오로지 상담관에게만 말했다. 자신에 대한 시선이 두려웠기 때문이다. 그 용사는 다른 인원들과 함께 샤워를 하는 것도 불편해 했다.

이런 경우 어떻게 하면 좋을까? 계속 말을 하지 않는 것이 좋을까? 아니면 누군가에게는 말하는 것이 좋을까? 물론 정답은 없다. 정답은 없지만 내 생각에 일단은 자신이 성소자임을 주변 인원들에게 굳이 말하지 않는 것이 좋을 것 같다. 다른 인원들을 위해서가 아니라 본인을 위해서다. 다른 인원들에게 말하는 순간, '아 이제 사람들이 나를 어떻게 볼까?' 하는 생각이 들며 주변 인원들의 시선에 신경이 쓰일 수 있기 때문이다. 타인의 행동과 말에 더 민감하게 반응할 것이다. 나중에는 자신이 피해를 입고 있다는 피해의식, 피해망상이 생길 수도 있다. 그러므로 특별한 이유가 없다면 그냥 말하지 않는 것이 낫다고 생각한다.

그 이후에는 병영생활을 하면서 본인이 불편함을 느끼는지 아닌지의 여부가 중요하다 위 사례에 나온 P 용사도 자신이 성소자임을 아무에게도 밝히지 않았다. 성소수자로서 하는 병영생활이 감당할만했기 때문이다. 단지 상담관에게만 말했다. "저는 제가 성소자임을 부대 안에서는 말하고 싶지 않습니다. 그냥 이렇게 조용히 있다가 전역하고 싶습니다" 이런 경우는 본인이 감당할 수 있는 경우이다. 그에게는 병영생활에 함께 하는 다른 용사들을 그저 남자 A, 남자 B로 보려고 노력한다고 했다. 본인의 성적 취향을 병영생활과는 구분지어 생각하려 했던 것이다. 본인의 성적 취향은 부대 밖에서 해결하려 했다. 이렇게 본인이 괜찮다고 하면, 본인이 문제가 없다고 하면 문제가 없는 것이다.

반면 이런 경우도 있었다. 성소수자 성향이 있었던 다른 용사가 있었다. 그는 높은 수준의 우울감과 불안감을 겪고 있었다. "저는 여기에 있는 남자들이 저에게는 큰 공포입니다" 그에게는 그랬다. 같은 남자들이 공포의 대상이었다. 함께 있는 것 자체가 고통이고 두려움이었다고 했다. 그러한 공포로 인해 우울감, 불안감이 장기화하였고 결국 자해, 자살 시도까지 하게 되었다. 이러한 경우에는 상담관이나 지휘관에게 해당 사실을 알려서 필요한 도움을 즉각적으로 받아야 한다. 이러한 증상과 위험으로 인해 그는 결국 현역복무부적합 심의를 통해 현역병으로서의 군복무를 종료하였다.

이처럼 성소수자 성향을 가진 누군가에게는 병영생활 자체가 큰 스트레스일 수 있다. 한 연구 결과에 따르면 성소수자 군인들은 성적 지향을 숨겨야 하는 압박감으로 인해 높은 수준의 심리적 스트레스를 경험할 수 있으며, 이는 군대 내에서의 소속감과 결속력에도 부정적인 영향을 미칠 수 있다고 한다.

다시 강조하지만 성소수자 자신이 병영생활을 해나가는데 어려움을 느끼는지 아닌지 판단하는 것이 중요하다. 병영생활을 감당할 수 있으면 해보는 것이고, 정 어렵다고 느껴진다면 문제 해결을 위한 적극적 도움을 받아야 한다.

필요하다고 판단되면 도움을 요청하는 것, 그것이 문제적 상황 해결의 시작이다.

18. 간부라 힘든 것도 얘기할 수가 없습니다.

'에이 내가 그래도 간부인데 어떻게 상담을 받나'
'에이 그래도 내가 지휘관인데 어떻게 힘든 내색을 하나'
'내가 간부인데 상담을 받으면 진급에 영향을 받지 않을까?'

이런 생각을 하는 간부들이 많다. 물론 그런 마음이 이해가 가지 않는 것은 아니다. 하지만 간부라고 해서 힘든 마음이 없는 것도 아니고, 간부라고 해서 힘든 마음을 표현하면 안되는 것도 아니다.

대대 신상결산위원회에 참석을 하였는데 한 대대장님이 이런 말씀을 하신 적이 있다.

"포대장들은 상담관 상담 안 받나? 나는 대위 때 가장 힘들었고, 그때 상담을 가장 많이 맞았었는데...용사들은 어떻게 대해줘야 하는지, 지휘는 어떻게 해야 하는지. 근데 상담관님이 특별히 해주신 게 없어. 그냥 들어주셨어...〈그럴 수 있죠 뭐〉 하시면서..근데 그게 참 많이 도움이 되었어. 힘든 얘기를 털어 놓을 수 있는 것만으로도 도움이 많이 되었어"

그렇다. 자신이 포대장이라는 이유로, 장교라는 이유로, 부사관이라는 이유로, 간부라는 이유로 힘들어도 힘든 내색을 하면 안된다고 생각하는 사람들이 많은 듯 하다. 그런 분들에게는 이런 말씀을 드리고 싶다.

"간부라서 상담을 안 받아도 되는 것이 아니라, 간부이기 때문에 상담을 받아야 하는 것입니다"

특히 대위, 상사 시기에 상담이 더 필요할 수 있다. 사실 따지고 보면 대위, 상사 시기에 많은 스트레스가 한꺼번에 밀려온다. 결혼에 대한 고민, 가정에 대한 고민, 지휘에 대한 고민 등이 그것이다. 그런데 지휘관이라는 이유로, 간부라는 이유로 쉽게 그 마음을 꺼내질 못한다. 물론 그런 마음은 이해한다. 하지만 그렇다고 힘든 마음이 가시는 것은 아니다. 따로 상담관에게 상담 신청을 할 필요도 없다. 그저 오다가다 상담관실에 들리면 좋겠다. 차 한잔 마시고 가면 좋겠다. 커피 한잔 마시고 가는 느낌으로 그렇게 얘기하고 가면 된다. 심리상담이라고 거창하게 생각할 필요도 없다. 그럼 상담관

IV. 쉽게 말하지 못하는 자신만의 힘겨움은 누구에게나 있다

실을 찾는 이도, 맞이하는 이도 부담이 없다. 편하다. 그렇게 평소 생각하던 것들을, 평소 고민하던 것들을 그저 편안하게 부담없이 꺼내놓고 가면된다. 그렇게만 해도 많은 스트레스가 해소된다.

누구나 고민이 있지 않은가?. 고민이 없는 사람은 없다. 훈련병, 이등병부터 군단장, 참모총장, 국방부장관에 이르기까지 고민은 누구나 있다. 단지 그 힘든 마음을 털어놓느냐 마느냐의 차이다. 고민을 털어 놓는 것만으로도 풀리는 것이 있다. 힘든 속마음을 누군가에게 털어놓는 것만으로도 해소가 되는 것이 있다.

혹시 여러분 중에 이 글을 읽고 있는 간부가 있다면, 혹시 힘든 상황을 겪고 있다면 그 누구에게라도 털어놓아 보자. 자신의 배우자가 되어도 좋고, 연인이어도 좋고, 친구도 좋다. 동료 간부도 좋고 상담관도 좋다. 제발 부탁이니 혼자서만 끙끙 대지 말자. 힘든 일이 있을 때 누군가에게 털어놓고, 감정적 해소를 한 후 다시 힘을 얻어 주어진 임무를 잘 수행하는 것이 더 낫지 않은가? 간부라는 이유로 힘든 마음을 어디에다가 말도 못하고 혼자서 끙끙 앓다가 상황이 악화되고 나중에 모든 것을 포기해 버리는 것이 낫다고 생각하는가? 그렇지 않을 것이다.

힘들 때 힘들다고 말할 수 있는 용기, 도움이 필요할 때 도움이 필요하다고 말할 수 있는 용기, 그것이 지휘관, 간부가 갖추어야 할 진정한 용기라고 생각한다.

이순신 장군도 고민이 있었다. 난중일기에 이런 내용이 나온다.

달빛이 뱃전에 비치고, 정신도 맑아져서 잠을 이루지 못하고 있는데 어느덧 닭이 울었다. 나라를 위해 매우 걱정스러웠다. 날마다 이러하니 더욱 탄식이 나오고 눈물이 흘렀다.
〈난중일기, 1593년 1월 15일〉

그 역시 한 명의 인간이었다. 천하의 영웅, 우리의 이순신 장군도 고민이 있고 괴로움이 있었던 사람이었다. 천하의 이순신 장군도 괴로움이 있었는데 우리 대한민국 군간부들이라고 해서 걱정과 고민이 없을까?

간부라는 이유로 항상 힘들지 않은 모습을 보여줘야 한다는 생각은 버리자.

힘들 때 힘들다고 말할 수 있는 용기, 도움을 받고 심리상태를 회복할 수 있는 용기가 진정한 용기다. 간부로서 갖추어야 할 첫번째 용기다.

용기 있는 간부가 되길 바란다.

19. 어느 또래 상담병의 고민

여러분 중에도 또래 상담병이 있을 것이다.

또래 상담병의 역할은 중요하다. 말 그대로 "또래"의 입장에서 고민을 들어주고 스스로 해결책을 찾는 것을 돕는 임무다. 또래 상담병과 상담을 한 적이 있다.

그는 자신의 심리적 문제에 대해 얘기하지 않고 다른 종류의 고민을 꺼냈다.

"또래상담병으로서 어떻게 하면 더 상담을 잘 할 수 있을까요?'

그는 책임감이 강한 듯 했다. 또래 상담병으로서 어떤 용사와 상담을 할때는 상담을 잘 해주고 있다는 생각이 드는 반면, 다른 용사와 상담을 할때는 애를 좀 먹는 듯 했다. 자신의 속마음을 좀처럼 잘 꺼내지 않는 용사를 만났을때다. 자기 속마음을 잘 얘기하지 않는, 쉽게 말해 자기 방어성이 강한 상대를 만나면 좀 답답해 하는 듯했다. 그는 그러한 경우에도 상대가 자신의 얘기를 잘 꺼내도록 만들어 상담을 잘 해주고 있다는 느낌을 받고 싶어 하는 듯했다. 그러지 못한다고 느낄 때 자신을 답답해하고 기가 죽는 듯했다. 또래 상담병 역할을 이왕 하는 것, 잘 하고 싶은 욕구가 커 보였다. 이 책을 읽고 있는 우리 용사님들 중에도, 간부분들 중에도 이와 비슷한 고민을 한 적이 있는 사람이 있을지 모르겠다. 이런 경우에 나는 이런 말을 해주고 싶다.

"상담자라고 해서 모든 내담자와 만족스러운 상담을 할 수 있는 것은 아닙니다"

그렇다. 상담자도 사람이다. 상담자라고 해서 모든 내담자와 의미 있는 상담을 할 수 있는 것은 아니다. 사람마다 성향이 다르다. 똑같은 상담자라도 어떤 내담자와는 잘 맞고, 어떤 내담자와는 잘 맞지 않게 느껴질 수 있다. 상담자가 느끼기에 자신과 잘 맞지 않는 내담자와 억지로 상담을 이어가면 안된다. 두세 번 상담을 해보고 내담자에게 별로 도움이 되지 않는 것 같다든지, 내담자가 상담에 적극적으로 임하지 않는 것 같다든지, 상담자가 별

IV. 쉽게 말하지 못하는 자신만의 힘겨움은 누구에게나 있다

보람을 느끼지 못한다면 다른 상담자를 소개시켜 주는 것이 좋다.

한국상담심리학회 윤리 규정에도 다음과 같은 내용이 있다.

"상담심리사는 내담자가 더 이상 도움을 필요로 하지 않거나, 상담을 지속하는 것이 더 이상 내담자에게 도움이 될 가능성이 없거나, 오히려 내담자에게 해가 될 것이 분명하다면 상담 관계를 종결해야 한다. 내담자가 다른 전문가를 필요로 할 경우에는 적절한 과정을 거쳐 의뢰하거나 관련 정보를 제공한다."

이렇듯 상담전문가들도 힘에 부칠 때는 상담을 지속하기 어렵다. 전문가도 이런데 또래상담병은 오죽 하겠는가? 그러니 혹시 여러분이 또래 상담병인데, 상담을 해주어야 할 간부인데 상담이 너무 힘든 것 같다면, 도움을 주고 싶지만 얘기를 잘 하지 않는 내담자라면, 당신 자신이 힘에 부치는 느낌을 듣다면 최소한의 수준까지만 상담을 해주자. 상담자는 어디까지나 자기가 할 수 있는 범위내에서만 상담자다. 자신이 도움을 줄 수 있는 내담자도 있고 아닌 내담자도 있다는 점을 인정하자. 자신이 내담자 문제 해결을 위해 도움을 줄 수 있는 사람도 있고, 아닌 사람도 있다는 점을 기억하자.

'나는 이 전우에게 꼭 도움을 주고 싶어. 그러니 꼭 도움을 주어야 해'
'나는 또래 상담병이니까 모든 용사들을 잘 상담해 줘야 해'

'나는 또래 상담병이니까 내가 상담하는 모든 사람들은 만족감을 얻고 도움을 얻어야 해'

상담심리학에서 "구원자의 환상"(savior fantasy)은 상담자나 치료자가 내담자를 구원하거나 구제할 수 있다는 비현실적이고 과도한 믿음을 의미한다. 이 환상은 상담자나 치료자가 내담자의 문제를 전적으로 해결할 수 있다는 생각에 빠지게 한다. 여러분이 만일 또래 상담병이거나 누군가를 상담해야 하는 간부나 지휘관의 위치에 있다면 이러한 구원자의 환상에 빠지지 않도록 주의하자.

20. 힘들었던 기억을 송두리째 날려버린 용사

Q 용사와 상담을 했다. 그의 초등학교, 중학교, 고등학교 시절과 관련된 간단한 질문을 몇 개 던졌다. 그는 대답을 못했다. 정말 그 기억들이 없는 것 같았다. 의아했다. '왜 기억을 못할까?' 알고 보니 그는 의도적으로 기억을 삭제했던 것이었다. 그는 학창 시절 부모님으로부터 제대로 된 사랑을 받지 못하고 자라왔다. 고등학교 1학년 때는 부모님이 이혼을 하시며 우울감, 불안감, 스트레스는 극에 달했다. 고등학교 때는 따돌림마저 당했다. 그는 고등학교 1학년 당시 높은 건물에 올라가 투신 자살을 하려고 했다. 뛰어내리려는 찰나 8살 어린 여동생이 떠올랐다고 한다. 다행히도 거기서 멈추었다.

그는 고통스러운 기억을 '억압'이라는 방어기제를 통해 대처하려고 했다. 억압(repression)은 우리가 느끼는 불안감에 대처하기 위한 방어기제 중 하나다. 억압은 고통스럽거나 불쾌한 기억, 감정, 생각을 무의식 속으로 밀어 넣어 의식적으로 기억하지 않도록 하는 방어 메카니즘mechanism이다. 우리가 심리적 고통이나 스트레스로부터 자신을 보호하기 위해 사용하는 무의식적 활동이라 할 수 있다.

그가 초등학교, 중학교, 고등학교 시절의 기억을 떠올리지 못한 것은 이 때문이다. 의도적으로 그 시절의 기억을 삭제하여 자신을 마음을 보호하려 했기 때문이다. 앞서 말했듯 그의 학창 시절은 부모님으로부터의 사랑 결핍, 이혼, 따돌림, 자살 시도 등 고통스럽고 불안정한 경험들로 가득했다. 이러한 경험들은 그에게 너무나 큰 고통과 스트레스를 주었기 때문에, 그는 이런 기억들을 억압이라는 방어기제를 사용해 무의식 속에 밀어 넣은 것으로 보였다.

그는 그렇게 너무나도 고통스럽고 괴로운 기억을 송두리째 잊으려 노력했다. 잊으려 하니 잊히나보다. 그는 그런 방식으로 그렇게 힘든 순간을 버텨왔던 것이다.

그런데 힘들었던 순간을 노력으로 잊게되면, 정말 온전히 치유가 되는 것일까?

그렇지 않다.

당장은 마주하기 고통스럽지만 그래도 꺼내놓고, 직면하고 상대해야 한다. 악성 종양은 보기에도 싫고 제거하는 것도 고통스럽지만 정확히 직면하고 정확히 제거해야 완쾌할 수 있는 것처럼 아무리 힘들고 괴로운 마음이 있어도 꺼내놓고 들여다보고 이겨내야 한다.

부작용도 있었다. 그는 자꾸 뭔가를 일부러 잊어버리려 하다보니 일상 속 간단한 기억도 잘 하지 못하게 되었다. 예를 들어 사람의 얼굴, 이름을 기억하는데 어려움이 있다. 최근에 먹었던 음식, 최근에 했던 일, 최근에 갔던 장소도 쉽게 잊는다. 그 얘기를 들으니 너무나 가슴이 아팠다.

이러한 문제를 어떻게 해결할 수 있을까?

첫 번째, 적절한 방법으로 자신의 감정을 표현해봐야 한다. 감정 일기를 쓰거나, 신뢰할 수 있는 사람과 대화하면서 자신의 감정을 표현하는 연습을 해보는 것이다. 주변의 믿을 만한 동기, 선·후임이 될 수도 있고, 간부나 지휘관이 될 수도 있다. 병영생활전문상담관과 상담을 진행해봐도 좋다. 이는 감정과 기억을 억압하지 않고, 안전하게 다루는 데 도움이 된다.

두 번째, 자기 이해와 자기 수용이다. 억압된 감정과 기억을 인정하고, 그것이 자신의 일부임을 받아들이는 과정이 필요하다. 자기 이해와 자기 수용은 심리적 치료의 첫 단계이다. 과거의 경험이 자신에게 어떤 영향을 미쳤는지 이해하고, 그것이 현재의 자신을 형성하는 요소임을 받아들이는 것이 중요하다.

심리학자 칼 융Carl Jung은 이런 말을 했다.

"당신이 무의식적으로 억압한 것들은 언젠가 당신의 삶을 지배하게 될 것이다. 그리고 그것을 운명이라 부르게 될 것이다."
("The things you repress unconsciously will one day control your life, and you will call it fate.")

이는 억압된 감정이나 기억이 결국에는 우리의 삶에 영향을 미칠 수 있음을 경고하고 있다, 우리가 숨겨놓은 감정, 기억들과 직면하는 것이 중요하다는 메시지를 담고 있습니다.

여러분 중에도 혹시 너무나 고통스러워서 잊으려 애쓰는 기억을 가지고 있는 사람이 있을지 모르겠다. 무조건 잊는 것도 좋지만 조금씩 직면하는 용기를 통해 마침내 극복하는 여러분이 되길 바란다.

V

마음을 털어놓는 습관

병영생활 고민상담소

21. 숨겨둔 감정은 없어지지 않는다.

R 용사와 상담을 했다.

그는 가끔 전혀 예기치 않은 상황에서 눈물이 난다고 했다. 동기들과 잘 어울리고 있는 상황에서도 밤에 자려고 누운 상황에서도 눈물이 날 때가 있다고 했다. 그 이유를 물어보니 본인도 모른다고 했다. 그와 좀 더 상담을 진행할 필요성을 느꼈다.

그에게는 정신적 어려움을 겪고 있는 형 두 명이 있었다. 부모님은 그 형들이 어릴 때부터 그들에게 더 많은 신경과 관심을 가질 수밖에 없었다. 물론 어린 시절의 R 용사도 그런 부모님을 이해하지 못한 것은 아니었다. 자신이 갖고 싶은 것도, 말하고 싶은 것도, 어떤 욕구도, 하고 싶은 것도 잘 표현하지 않게 되었다. 가뜩이나 부모님이 형들 때문에 힘들어 하시는데 자신마저 짐이 될 수는 없다고 생각했기 때문이다.

그 마음이 이해가 갔다. 그런데 그도 사람이었다. 머리로는 그런 부모님을 이해했지만 막상 가슴으로는 이해가 안됐던 부분도 있었을 것이다. 때로는 그런 부모님이 원망스럽고 미웠고, 서운하게 느껴졌다고 했다. 당연하다. 당연히 그럴 것 아닌가? 어쨌든 그는 자신의 감정, 생각, 느낌, 욕구를 숨기고 억제하는 것에 익숙해지게 되었다. 슬퍼도 슬프다고 표현하지 않고, 기뻐도 기쁘다고 표현하지 않게 되었다. 시간이 지나며 주위 사람들에게도 자신의 감정이나 속마음을 잘 드러내지 않게 되었다. 화가 날 때도 화를 표현하지 않았다고 한다. 그렇게 그는 자신의 모든 감정, 울분을 마음 속에 담아두고 사는데 익숙한 사람이 되었다. 겉으로는 멀쩡해보였다. 속 마음을 더 잘 숨기기 위해 일부러 더 많이 웃고 다녔기 때문이다.

하지만 그렇다고 문제가 없을까?

여러분도 알아야 할 중요한 사항이 있다. 그렇게 숨겨둔 감정은 숨긴다고 해서 없어지는 것이 아니라는 것이다. 표현되지 않은 감정은 어떤 형태로든 남아 있기 때문이다. 해소되지 못한 감정은 어떤 형태로든 남아 있다. 어떤 형태로든 남아 있으면서 자신도 예상하지 못한 방법으로 뿜어져나올 수 있다.

심리학자 프로이트Freud는 다음과 같은 말을 했다.

"표현되지 않은 감정은 결코 죽지 않는다. 그것은 산 채로 묻혀서 나중에 더 흉측한 모습으로 나타날 것이다"
("Unexpressed emotions will never die. They are buried alive and will come forth later in uglier ways.")

감정은 숨긴다고 해서 없어지는 것이 아니다. 감정은 억제한다고 해서 사라지는 것이 아니다. 포로이트의 말처럼 억제된 감정은 산채로 묻혀 나중에 더 흉측한 모습으로 나타날 수도 있다. 악몽으로 나타날 수도 있고 돌발행동을 통해 나타날 수도 있고 장기간 우울증의 형태로 나타날 수 있다. 자신도 모르게 예상치 못한 형태로 흘러나올 수 있는 것이다. R용사도 예기치 않은 상황에 눈물이 나는 것도 이러한 이유로 보였다.

그에게 이런 말을 해주었다.

"물론 그런 OO 용사님의 마음은 이해가 가요. 자신만은 부모님께 짐이 되기 싫다는 생각 때문에 그랬던 것…하지만 너무 그럴 필요는 없습니다. 적절한 방법으로 적절하게 자신의 감정, 생각, 느낌, 욕구를 표현하는 것도 중요합니다. 지금부터 주위 사람에게 자신의 속에 있는 얘기를 기회가 될 때마다 조금씩 꺼내어 놓는 연습을 하시면 좋겠습니다"

그는 이 말을 듣고 다시 한번 눈물을 흘렸다.

누구나 감정이 있다. 누구나 속 마음이 있다. 그런 감정과 속마음은 숨긴다고 해서 아예 없어지는 것은 아니다. 혹시 여러분 중에도 이런 이유로, 또는 다른 이유로 자신의 속마음을 잘 표현하지 않는 용사가 있는가? 무조건 그럴 필요는 없다. 어느 정도 자신의 마음을 적절하게 꺼낼 수 있는 사람이 진정으로 강한 마음의 소유자고 진정으로 튼튼한 사람이다.

22. 고민은 털어놓는 것만으로 도움이 된다.

S 용사는 겉으로 보기엔 멀쩡했다. 맡은 취사 임무에도 열심이었고, 책임감도 강했다. 문제는 남에게 피해를 주면 안된다는 생각이 너무 강했다는 것이다. 그는 취사 임무를 수행하는 과정에서 손, 팔부위에 습진, 아토피가 발생했다. 취사병 임무 특성상 고무 장갑을 끼고 오랫동안 임무를 수행하는 과정에서 피부 문제가 발생한 것이었다. 그로 인해 한동안 취사 임무에서 배제되었다. 그 과정에서 자책감이 발생했다. 자신으로 인해 다른 사람들이 일을 더 하게 만들었다는 자책감이 높은 수준이었다. 밤에 잠도 제대로 자지 못하고, 잠이 들어도 그 이후에 수시로 깨어났다. 수면장애 증상이었다.

남을 배려하는 마음, 남에게 피해를 끼쳐서는 안된다는 마음은 물론 중요하다. 하지만 그 마음이 너무 지나치면 곤란하다. 남에게 조금도 피해를 주어선 안된다는 마음, 일종의 강박관념이고 완벽주의다. 이런 성향 있다면 사소한 문제의 원인도 모두 자신을 향할 수 있다. 모든 것들을 자책할 수 있게 된다.

한 연구에 따르면, 완벽주의 성향이 강한 사람들은 작은 실수에도 자신을 비난하는 경향이 있으며, 이는 심리적 고통을 증대시킬 수 있는 것으로 나타났다. 자책감이 강화될 경우 삶의 질을 저하될 수 있으며, 사회적 관계에서도 부정적인 영향을 받을 수 있다고 설명했다.

결국 그는 군병원 정신의학과 진료를 통해 약물치료를 시작했고 군병원 정신의학 병동에 입실하게 되었다. 한 3주 가량 지났을까? 어느 날 그가 상담관실에 불쑥 찾아왔다.

입원해 있는 줄 알았는데 갑자기 찾아와 좀 놀라긴 했다.

"아 00용사님, 반갑습니다"
"저...상담을 좀 예약해도 되겠습니까?"

나는 반가운 마음 반, 놀라운 마음 반을 가지고 일단 자리에 앉기를 권했다.

V. 마음을 털어놓는 습관

그는 눈빛과 표정부터가 달라져 있었다. 의욕이 많이 생겨나 보였으며 병영생활에 대한 의지도 되찾은 듯 했다. 그 이유를 물어보았다.

"안보던 사이에 심리적으로 상당히 많이 개선된 것 같은데요. 어떤 일이 있었나요?"

"제가 병원에 입원해 있는 동안에 친구들에게 많은 이야기들을 털어놓았습니다. 단톡방을 만들어 7,8명을 초대하여 저의 힘든 얘기, 우울한 얘기들을 털어놓았습니다. 그렇게 하니까 친구들이 저를 나무라는 투로 〈못났다. 우울증한테 지는 XX, XX새끼〉 등과 같은 얘기를 들었습니다. 그런데 신기하게도 친구들로부터 그런 얘기를 들으니까 우울증이 별 것아니라는 생각이 들었습니다. 그전까지는 우울증이 저에게 큰 부분이라고 생각했었는데, 친구들로부터 그런 말을 들으니 〈우울증이 별 거 아니구나, 내가 이겨낼 수 있는 것이구나〉하는 생각이 들었습니다. 그것이 가장 컸던 것 같습니다"

그랬다. R 용사는 그동안 친한 친구들에게 자신의 힘든 속마음을 털어놓지 못했다. '좋은 얘기도 아닌데 굳이 그런 얘기를 해서 뭐하나?' 하는 생각으로 털어놓지 못했던 것이다. 그런데 병원에 입원해 있는 동안 정신과 약을 먹고, 치료도 받으며 용기를 내게 되었다. 용기를 내어 친구들에게 자신의 속마음도 말할 수 있게 되었던 것이다. 그렇게 용기를 내어 말하고 나니 더 큰 용기를 얻을 수 있었다.

사실 그렇다. 자신의 힘든 속마음을 고민을 걱정을 혼자만 끙끙 앓고 있으면, 그것이 커 보인다. 그런데 신기하게도 그런 고민을 타인에게 털어놓았을 때, "그것은 별 것 아니다. 네가 충분히 이겨낼 수 있다." 와 같은 반응이 나오면 용기가 생길 때도 있다. 그런 힘든 마음을 이겨낼 용기가 생기는 것이다. 말하지 않은, 말하지 못한 고민은 항상 커 보이는 법이다. 기쁨은 나누면 두 배가 되고, 슬픔은 나누면 절반이 된다는 말은 헛된 말이 아니다.

여러분도 분명 무언가 고민이 있을 것이다. 확실하게 말하건대 여러분의 그 고민을 누구에게도 말하지 않는다면, 혼자가 계속 간직하고 있다면, 그 고민은 저절로 작아지지 않을 것이다. 고민은 혼자만 짊어지고 있을 때 가장 커 보이기 때문이다.

한 번 해보자. 여러분도 지금 가지고 있는 고민이 있다면 당장 누군가에게 털어놓아 보자. 그 고민에 대한 특별한 해결책이 생기지 않았더라도 분명 부담감이 줄어들 것이다. 고민을 털어놓는 것만으로 분명 고민이 줄어드는 효과가 있다.

23. 누군가의 힘든 얘기를 듣고 그것을 이상하게 보는 사람, 그 사람이 이상한 사람입니다.

T용사는 초중학교 시절 따돌림, 괴롭힘을 당했다. 그때 그런 일을 겪은 이후로 친구들과 사귀고 대인관계를 형성하는 것에 어려움을 겪고 있다. 그러한 어려움은 고등학생이 된 이후에도, 대학생이 된 이후에도, 사회생활을 하는 데에도 어려움으로 작용했다. 군이라는 단체 생활을 할때는 더 큰 어려움이었다. 그랬을 것이다. 나는 그에게 한 가지 권유를 했다.

"힘든 마음이 이해가 갑니다. 그런데 그런 힘든 마음을 주변 동기들이나 또래상담병이나 주위 누군가에게 털어놓아 보면 어떨까요?"
"글쎄요. 솔직히 그건 좀 꺼려집니다. 제가 저의 그런 힘든 얘기들을 했을 때 상대방이 저를 좀 안 좋게 볼 것 같거든요. 저를 이상한 사람으로 볼까 봐 두렵습니다"

그랬다. 그는 자신의 힘든 얘기, 어두운 과거 얘기를 하는 것을 꺼려했다. 그런 얘기를 들은 사람이 자신을 안좋게 바라볼 것 같은 걱정 때문이었다. 나는 그에게 이런 말을 했다.

"흠...그래요. 그런 생각이 들어서 그런 얘기를 잘 안 하게 되는 것은 이해가 됩니다. 그런데 말이죠. 대부분의 사람은 누군가의 힘든 속사정, 힘든 얘기, 고민을 들었을 때 도와주고 싶고 안됐다고 느끼지 〈저 사람 좀 이상하다 멀리해야 겠다〉 이런 생각은 하지 않습니다. 대부분이 그렇습니다. 물론 안 그런 사람도 있겠죠. 더 멀리 하고 안 좋게 생각하는 사람도 있을 수 있습니다. 그런데 생각해보죠. 힘든 속마음을 털어놓고 위로를 얻고 용기를 얻고자 하는 사람이 이상한 사람일까요? 그런 얘기를 듣고 이상하게 생각하는 사람이 이상한 사람일까요?" 그가 대답했다.
"흠... 이상하게 생각하는 사람이 이상한 사람 같습니다"

그렇다. 맞는 말이다. 이상하게 생각하는 사람이 이상한 사람이다. 그 사람이 이상한 것이다. 누군가에게 용기를 내어 자신의 힘든 얘기를 하고 용기를 얻고 위로를 얻어 어려움을 헤쳐 나가려고 하는 사람을 이상하게 생각하는 사람, 그 사람이 이상한 사람이다. 그러니 여러분도 뭔가 힘든 일을 겪고 있을 때, 그런 힘든 마음을 누군가에게 털어놓고 싶은데, 그러면 자신을 이상하게 볼까 봐 꺼리고 주저하는 사람이 있다면 이 생각을 하자.

"사람은 누구나 여러분의 힘든 얘기를 들으면 도와주고 싶은 마음이 먼저 듭니다. 그러니 용기를 가지고 털어놓으세요. 그것만으로도 마음이 좀 풀릴 겁니다. 그리고 힘을 내서 문제를 함께 해결해 가도록 합시다. 당신은 할 수 있습니다"

심리학 교수, 뱃슨Batson의 공감-이타주의 가설 (Empathy-Altruism Hypothesis) 이론에 따르면 사람들은 타인의 고통을 볼 때 진심어린 이타적 동기(動機)에서 도움을 주려는 경향이 있다고 한다. 즉 정상적인 사람이라면, 평범한 사람이라면 타의 고통을 쉽게 지나치지 않는다는 의미다.

혹시 여러분 중에서 고민이 있는데 털어놓기가 망설여지는 사람이 있을 것이다. 고민을 털어놓은 적이 한 번도 없는 사람도 있을 것이다. 자신을 안 좋게 바라볼 수 있다는 생각 때문에 말이다.

다시 한번 말하지만 그렇지 않다.

고민을 들은 사람이, 여러분을 이상하게 생각한다면, 그것은 그 사람이 이상한 것이다. 그것은 그 사람의 문제이지 여러분의 문제가 아니다. 고대 로

마 철착자, 에픽테토스Epictetus는 다음과 같은 말을 남겼다.

"다른 사람들이 당신에 대해 어떻게 생각하는지는 당신의 문제가 아니라 그들의 문제다."
("What other people think of you is not your problem, it's theirs.")

너무 신경 쓰지 말고 자신의 고민을 털어놓을 줄 아는 습관을 갖자 대부분의 사람은 당신의 힘든 얘기를 듣고 당신에게 공감을 느끼며, 당신을 주려 할 것이다.

용기를 내서 털어놓고, 그에 적절한 도움을 받자. 그리고 조금씩 해결해 나가자. 그럼 된다. 그것이 문제 해결의 시작이다.

24. 10년 이상 가면을 쓰고 살아온 용사.

U 용사는 자해하고 싶은 생각, 자살하고 싶은 생각, 더 나아가 타인에게 해를 가하고 싶은 생각까지 최근에 들었다고 했다. 그의 이야기를 들어 봤다. 그는 중학교, 고등학교 시절 따돌림, 학교 폭력의 피해자였다. 피해자였음에도 그는 자신을 자책을 했다.

'내가 다른 사람들과 달라 보여서 그런 건가? 다른 사람들과 좀 더 같아져야 하나?'

그는 이후로 의식적으로, 일부러 더 웃었다. 자신이 웃어야 사람들이 자신에게 더 가까이 다가올 수 있다고 생각했기 때문이다. 그래야 다른 사람들과 더 비슷해질 수 있다고 생각했기 때문이다. 무조건 타인에 모든 것을 맞추기 시작했다. 타인의 생각대로, 기준대로, 기분대로, 말하는 대로 맞추기 시작했다. 그렇게 해야 다른 사람들과 다르지 않다고 느끼며 잘 어울릴 수 있을 것이라 믿었다.

여러분도 알겠지만 자신의 감정을 숨기고 10년 이상을 살아오는 것이 쉬운 일은 아니다. 누구에게 제대로 된 도움을 받지 못한다면 정말 죽고 싶은 생각도 든다. 그는 이런 말을 했다.

'저 자신이 없어지는 것 같았어요'

그에게 물어봤다.

"중고등학교 시절에 많이 힘들었을 것 같은데, 그때 적절한 도움이나 치료를 받지는 않았나요?"
"처음 학폭을 당했을 때 중학교 보건 선생님이 저에게 심리상담을 받아볼 생각 없느냐고 물어보셨어요. 저는 싫다고 했어요. 심리상담을 받는 것이 제가 미친 사람처럼 취급받는 것 같았거든요. 근데 지금 생각해보면 그때 안 받은 것이 후회가 돼요. 그때 치료를 받았다면 지금 이러지 않을 것 같아요"

그는 후회를 하고 있었다. 그에게 이런 얘기를 해주었다.

"참 많이 힘들었겠네요. 그 오랜 시간을 누구에게 제대로 말도 못하고, 제대로 도움도 받지 못하고 좌절감도 많이 느꼈을 것 같네요. 그래도 늦지 않았습니다. 지금 이렇게 본인이 원해서 먼저 상담을 신청한 거잖아요? 지금의 힘든 마음을 이겨내고 싶은 의지가 있다는 거잖아요? 그 점에 관해서는 칭찬해주고 싶어요. 늦지 않았어요. 이것이 변화의 첫걸음입니다. 지금부터 하면 돼요. 심리상담도 꾸준히 받고, 정신과 치료도 꾸준히 받으며 그렇게 실생활 속에서 생각의 변화 태도의 변화를 이끌어 내며 그렇게 조금씩 바꿔가면 됩니다. 그렇게 바꿔가다 보면 나아질 겁니다. 제가 100% 보장합니다."

상담을 마무리하면서 현역복무부적합 심의에 관한 설명도 해주었다. 심리상담도 해보고, 정신과 치료도 해보고, 본인이 생활 속 변화 노력을 해보아서 실제로 좀 더 괜찮아진다면 다행인 것이구요. 그렇지 않다면 그때 가서는 현역복무부적합 심의라는 제도를 생각해보는 것도 방법이 될 수 있다고 안내해 주었다.

혹시 여러분 중에도 자신의 감정과 생각을 숨기고 살아가는 용사가 있는가? 자신의 속마음을 숨기며 살아가는 것이 최선이라고 생각하는 용사가 있는가? 혼자서 끙끙 앓지 말자. 혼자서 그럴 필요 없다. 입대 전 가지고 있던 마음의 상처도 신체의 상처도 군대에서 꺼내어 말해보자고 치료를 받자. 사회에서는 용기가 없어 꺼내지 못했던 이야기, 상처들을 군대에서 꺼내볼 수 있다. 군대에서는 적절한 전문적 도움을 얼마든지 제공할 수 있다.

작가이자 강연가인 브레네 브라운 Brené Brown은 다음과 같은 말을 했다.

"취약함을 털어놓는 것은 약점이 아니다. 그것은 가장 용기 있는 행동 중 하나이다."
("Vulnerability is not a weakness. It's one of the most courageous acts.")

어려운 감정을 털어놓는 것이 두려울 수 있지만, 그것은 용기 있는 행동임을 그 역시 강조한다.

용사와 간부들 중에도 이와 비슷한 고민을 하고 있는 이가 있다면 용기를 갖고 꺼내어 보자. 꺼내어 놓는 것이 변화와 치유의 시작이다.

25. 일이 커지기를 두려워서 하는 용사

V 용사는 대인관계를 무척 힘들어 했다. 초중고 시절 친구들의 괴롭힘, 따돌림으로 인해 제대로 된 대인관계를 가져본 적이 없었다. 그의 말에 따르면 부모님의 행동에도 문제가 있었던 듯 했다. 그가 어린 시절부터 성인이 된 최근까지도 그에게 욕설, 폭언, 폭행을 일삼으셨다고 한다. 부모님에 대한 반감, 적대감이 매우 높은 상태였다. 병영생활 적응이 도저히 불가능하다고 느껴질 경우를 대비해 그에게 현역복무부적합 제로를 설명해 주었다. 하지만 그는 강한 거부감을 드러내었다. 현역복무부적합을 진행하는 과정에서 부모님과 연락을 해야 하는 것 자체가 싫었기 때문이다.

그에게 또 다른 특징이 있었다. 일이 커지기를 원하지 않는다는 이유로 자신의 심리 상태를 다른 사람들에게 알리지는 않고 있다는 것이다. 그는 현재의 괴로운 마음을 간부나, 지휘관이 알게 되는 것을 몹시 꺼려했다. 그렇게 되면 자신이 타 부대로 전출을 갈 수도 있는데 그것이 그가 바라는 것이 아니었기 때문이다. 학창 시절 전학을 갈 때도 마찬가지였다. 전학을 앞둔 상황, 전학을 하는 상황, 전학을 하고 나서의 상황에 대한 기억이 좋지 않았다고 했다. 그에게는 학교에서의 전학 기억이 일종의 트라우마처럼 작용하고 있었다. 부대에서의 전출은 그런 트라우마적 기억과 맞닿아 있는 듯했다.

정리하자면, 그는 과거의 지속적인 괴롭힘, 따돌림을 당했다. 부모님의 학대와 같은 부정적인 경험이 더해져 대인관계의 어려움을 겪고 있다. 이러한 상황은 병영생활을 하고 있는 그에게 심리적으로 부정적 영향을 미치고 있었다. 그가 병영생활에서 겪고 있는 또는 향후 예상되는 어려움을 살펴보면 다음과 같다.

첫 번째, 대인관계 회피성이다. 그는 초중고 시절의 괴롭힘과 따돌림으로 인해 대인관계 형성에 대한 두려움과 불안감을 갖게 되었다. 이러한 경험은 사람들과의 관계에서 신뢰를 쌓는 것을 어렵게 만들며, 대인관계를 회피하는 경향이 강화될 수 있다.

두 번째, 문제 노출에 대한 두려움이다. 자신의 문제가 다른 사람에게 알려

져서 일이 커지는 것을 원치 않으며, 특히 군대 간부나 지휘관이 알게 되는 것을 두려워하게 될 수 있다. 이는 과거 전학 경험과도 연결되어 있으며, 새로운 환경에서의 적응 어려움과 변화에 대한 두려움이 내재되어 있다.

세 번째, 부모에 대한 강한 적대감이다. 그는 부모님의 지속적인 학대(욕설, 폭언, 폭행)로 인해 부모에 대한 심한 반감과 적대감을 갖고 있었다. 부모에 대한 부정적 감정은 상담 도중 표현되는 언어에서도 나타난다. 그는 상담 중에 부모님을 "그 인간들, 그 XX들"이라고 표현하기도 했다.

혹시 여러분 중에도 이와 비슷한 증상을 겪고 있는 용사가 있는가? 여러분 중에도 혹시 이와 비슷한 생각으로 자신의 상황과 괴로움 알리기를 주저하고 있는 용사가 있는가? 자신의 피해나 괴로운 마음을 알리고는 싶지만 이 과정에서 일이 커질까 봐 망설이고 주저하게 되는 마음은 이해가 간다. 하지만 잘 생각해 보자. 그렇게 알리지 않고 혼자서 끙끙 앓고 있으면 문제가 해결되는가? 그렇게 혼자서 참고만 있으면 버틸 수 있는가? 그때의 고통은 어떻게 하는가? 물론 문제를 해결하는 과정에서 남들에게 현 상황이 알려질 수 있고, 그로 인해 자신이 스트레스를 받을 수 있다. 하지만 아무런 도움을 받지 않고 그대로 현 상황을 유지한다고 할 때 받는 스트레스는 어떻게 감당할 수 있는가? 그 스트레스는 견딜 수 있는 스트레스인가?

누구나 문제 상황을 겪을 수 있다. 그 문제 상황을 해결하기 위해 주위에 알리고 도움을 받아야 할 때도 있다. 그 과정에서 또 다른 스트레스를 받을 수도 있지만 그렇다고 무조건 참고 혼자서 견디는 것이 답은 아니다.

중요한 것은 문제 상황을 전혀 겪지 않는 것이 아니라, 그 문제 상황을 스스로 의식하고, 그에 걸맞는 도움을 적극적으로 찾는 것이다. 그것이 용기다. 그런 용기만 있으면 된다. 그럼 대부분의 문제는 해결할 수 있다.

인종차별 철폐 운동을 이끌었던 세계적 정치 지도자이자 인권운동가인 넬슨 만델라Nelson Mandela는 다음과 같은 말을 했다.

"용기라는 것은 두려움이 없는 상태가 아니다. 두려움이 있지만 그것을 극복하는 것이다."
("Courage is not the absence of fear, but the triumph over it.")

여러분도 용기를 가졌으면 좋겠다. 자신의 어려움을 알리고 이에 적절한 도움을 받는 용기 말이다. 그것이 진정한 용기다. 그런 용기는 병영생활에서도 필요하다.

Ⅵ

군생활을
인생의 터닝포인트로 만드는 방법

병영생활 고민상담소

26. 전역 후 진로는 큰 그림부터 먼저 설정해야

큰 그림을 그리지 못하고 작은 그림에만 집중해서는 답이 없다. 그림 일관성이 없어진다. 큰 목표를 세우지 못하고 당장 뭐라도 해야 할 것 같은 마음에 작은 그림만 보는 용사들을 꽤 많이 봤다. W 용사가 그랬다. 그는 최근 상병을 달았다. 이제 몇 개월 뒷면 전역인 상황이었다. 그에게 물어 보았다.

"미래 준비를 위하여 최근에는 어떤 노력을 하고 있나요?
"컴퓨터 활용 자격증을 준비하고 있습니다"

그는 일단 컴퓨터 활용작격증을 준비 중에 있었다. 그 자격증을 준비하는 뚜렷한 이유는 없었다. 나중에 도움이 될것이라고 막연하게 생각했기 때문이다. 그냥 전역을 하고 사회 생활을 시작하자니 사회에 나가자니 불안했기 때문이다. 물론 그런 마음이 이해는 간다. 아무런 준비를 하지 않고 전역을 하기에는 불안했을 것이다. 그런데 그렇게 큰 목표 없이 준비하는 자격증은 큰 의미가 없다. 인생의 큰 그림을 먼저 그려야지 지금 당장 해야 할 것들이 명확해진다.

인생의 큰 그림이란 무엇일까? 인생의 큰 그림이라고 해서 거창한 것이 아니다. 전역 후 20대에 가지고 싶은 직업, 하고 싶은 일을 먼저 정하는 것이다. 적어도 전역전에는 정했으면 좋겠다. 전역 후 복학을 할 것인지, 바로 일을 할 것인지, 복학을 한다면 원래 다녔던 학과로 복학을 할 것인지, 새로운 학과나 대학에서 새로운 공부를 하고 싶은지, 새로운 학과나 대학에서 새로운 공부를 하고 싶다면 수능을 보는 것이 나을지, 편입을 준비하는 것이 나을지 등.이렇게 세부적인 단계로 하나씩 나가야 하는 것이다. 그러기 위해 큰 그림을 먼저 정하는 것이다.

W 용사와 몇 주가 지난 뒤 하는 상담이었다. 그는 손해평가사 자격증을 준비하기로 했다고 했다. 그 이유가 궁금해서 물어봤다.

"좋네요. 그런데 그 자격증은 왜 준비하기로 한 건가요?"
"아 그냥 가족들이 추천을 해주기도 했구요. 제가 관심 있는 스마트팜

smart farm과 연관도 되어 있는 것 같고..."

내가 보기엔 자격증 준비의 명확한 목표가 부족했다. 앞서 말했듯, 하고 싶은 커다란 목표를 먼저 정하고, 그것을 위해 자격증이 필요하다고 판단되면, 자격증을 준비하면 된다. 자격증은 써먹으려고 따는 것이다. 그냥 혼자만의 만족으로 자격증을 딸 필요가 뭐가 있는가? 그는 그렇게 자격증을 따 놓으면 뭔가 도움이 될 줄 알았던 것 같다. 너무나도 막연했다. 그러면 안된다. 하고 싶은 일을 정해놓고 그것에 필요한 자격증을 따야지, 자격증을 따 놓고 하고 싶은 일을 정하면 되겠는가? 그것이 순서다. 가고 싶은 목적지를 정하고 택시를 타야지, 택시를 타고 그 후에 목적지를 정하면 되겠는가?

나와 몇 달간의 상담 끝에 그는 새로운 자격증을 준비하기로 했다. 청소년지도사였다. 그는 전역후 시립청소년센터에서 청소년을 지도하는 일을 하는 것으로 마음을 정했다. 그 일을 하기 위해 관련된 자격증을 찾아보다 청소년지도사라는 자격증을 알게 되었다고 한다. 이 얼마나 자신이 하고 싶어 하는 일과 일치하는 자격증이란 말인가? 자격증을 준비하며 명확한 목표의식을 가지고 더욱 매진(邁進)할 수 있다. 자격증 취득에 더 많은 노력을 할 수 있으며, 쉽게 포기하지 않을 수 있다. 그런 만큼 자격증 취득에 성공할 가능성도 높아진다. 진로는 그렇게 준비해야 한다.

여려분 중에도 이와 비슷한 상황에 있는 용사가 꽤 많을 것이다. 병영생활을 그대로 끝내기가 뭔가 아쉽고, 뭐라도 해놔야 할 것 같은 마음은 이해가 간다. 하지만 그렇다고 무작정 방향성도 없는 자격증 준비를 시작하지는 말자. 시간 낭비, 돈 낭비, 열정 낭비다. 그러지 말자.

그런 의미에서 자신이 무엇을 좋아하는지, 자신은 어떤 사람인지, 무엇을 할 때 시간 가는 줄 모르고 몰입하는지, 남들보다 잘 하는 것이 무엇이 있는 것 같은지, 먼저 떠올려 보자. 그런 식으로 하고 싶은 일, 갖고 싶은 직업을 찾을 수 있다. 그것을 먼저 찾으면 나머지 자잘한 문제들은 자연스레 결정된다. 중요한 질문들이다. 이 질문들에 대해서 뒷부분에서 좀 더 구체적으로 소개할 예정이다.

27. 병영생활을 성공을 향한 출발점으로 만드는 방법

Y 용사는 입대 전까지 어머니의 편의점 일을 도와 드렸다. 본인도 어머니를 도와드린다는 마음에 뿌듯해 했고, 그런 아들을 지켜보는 어머니도 뿌듯해하셨다고 했다. 그런데 그에게 최근 고민이 생겼다. 전역을 1년도 남겨두지 않은 현 시점에서 미래가 불안했던 것이다. 상병을 달고 있는 지금 그에게 가장 큰 고민은 미래의 진로였다. 전역후에도 어머니 일을 계속 도와드리자니 '이것이 맞는 건가?' 하는 생각이 들었다고 했다. Y 용사는 고등학교를 졸업한 후에 대학에 진학하지 않았다. 그런 점이 어머니가 생각하시기에는 뭔가 아쉬우셨나 보다. 어머니는 아들에게 전역 후 대학 입학을 권유하셨다고 했다. 그는 그렇게 전역후 대학 진학을 가는 것에 대해 고민하고 있었다. 나는 그에게 이런 말을 해주었다.

"대학을 가고 안가고 하는 것이 중요한 것이 아닙니다. 자신이 먼저 하고 싶은 분야, 하고 싶은 직업을 찾는 것이 우선입니다

그렇다. 단순히 대학을 가고 안가고 하는 것이 중요한 문제는 아니다. 대학만 나오면 사람들이 좋게 봐주고, 좋은 대학을 가면 더 좋게 봐주고, 대학을 나왔다는 것이 자랑거리이던 시절은 지났다. 지금은 대학을 나왔다는 사실이 더 이상 강점이 되지 않는 시대다. 물론 아들이 그래도 대학을 나왔으면 하는 어머니의 마음은 이해가 간다. 하지만 어머니의 말씀을 무조건 따를 필요는 없다. 그렇다고 어머니의 말씀을 무시하라는 것이 아니다. 그 누구보다 사랑하는 부모님의 조언, 의견을 잘 참고해야 할 것이다. 하지만 말 그대로 어디까지나 부모님의 의견은 중요한 참고 대상이지 반드시 따라야 할 지휘, 명령, 지시, 의무가 아니다. 본인의 계획, 특히 본인의 미래와 진로와 관련된 계획과 목표를 세움에 있어 중요한 주위 사람들의 의견은 얼마든지 참고할 수 있다. 하지만 어디까지나 참고의 대상으로 삼자.

다시 강조하지만 단순히 대학을 가고 안가고 하는 것이 중요한 것이 아니다. 본인의 미래와 진로를 위해 가장 먼저 생각하고, 가장 먼저 결정해야 할 것은 "분야다"

하고 싶은 분야, 돈을 벌고 싶은 분야, 갖고 싶은 직업이 있는 분야를 찾는 것이 가장 먼저다. 하고 싶은 분야, 하고 싶은 직업을 찾았으면 그 일을 하

기 위해 무엇이 필요한지, 무엇이 효과적인지를 알아보는 것이다. 예를 들어 하고 갖고 싶은 직업이 요리사라고 치자. 그럼 요리사를 하기 위해서 자격증이 필요한지, 경력이 필요한지, 대학 졸업장이 필요한지 따져보는 것이다. 그런 과정에서 자신의 상황과 꿈에 따라서 자격증을 먼저 준비해야 할 수도 있고, 경력이 먼저 필요할 수도 있다. 아니면 대학교 졸업장이 필요할 수도 있다. 그렇게 자신의 상황을 분석하고, 자신의 목표를 생각하여 자신에게 최적화된 준비를 시작해 나가야 한다.

이런 나의 의견을 듣고 공감하여 연등을 통해 자신의 꿈을 정하고 그 과정을 준비해내는 용사들이 꽤 많다. 여러분이 이제는 그럴 차례이다.

다시 한번 말하지만 대학을 가고 가지 않고 하는 것은 그 자체로 중요하지 않다. 인생의 큰 관점에서 판단을 하자.

W용사도 결국 하고 싶은 일을 찾아 내었다. 어느 날 그는 상담을 마치고 나가며 이런 말을 했다.

"제가 하고 싶은 일을 명확히 찾고 그를 위해 지금 해야 할 것이 무엇인지 명확해지니 힘이 납니다"

그렇다. 그는 힘이 났다. 표정에서도 밝음이 묻어 나왔다. 전역을 앞둔 용사, 간부들 누구나 미래에 대한 고민은 있을 것이다. 하지만 막막하다. 무엇을 준비해야 할지도 모른다. 충분히 이해한다. 개인 정비시간이나 휴일에 누워서 휴대폰을 보거나 게임을 하거나 한다. 물론 그런 활동 자체가 나쁜 것은 아니다. 그렇게 함으로써 스트레스를 풀수도 있다. 하지만 그것만 해서는 안된다. 언젠가는 군생활을 좋든 싫든 끝이 난다. 사회로 나갈 준비를 좀 더 진지하고 적극적으로 해야 하는 이유다. 전역을 앞둔 몇 개월동안은 더 그렇다. 인생의 방향이 바뀔 수도 있고, 정했던 인생의 방향이 더욱 명확해질 수도 있는 시간이다. 이 시간을 잘 활용하자.

자기 계발 전문가인 나폴레온 힐Napoleon Hill은 이런 말을 했다.

"자신이 진정으로 원하는 것이 무엇인지 아는 것은 모든 성공의 출발점이다."

자신이 진정으로 원하는 직업이나 분야를 명확히 아는 것이 성공적인 진로선택의 첫걸음이라는 점을 잊지 말자. 그리고 그 첫걸음을 지금 바로 이곳, 병영생활에서 시작할 수 있다. 파이팅.

28. 고독사(孤獨死), 더 이상 남이 아닌 우리의 얘기

먹고 살기 힘든 시대다.

"청년 우울증"이라는 말은 더 이상 낯설지 않다. 보건복지부가 실시한 '2022년 고독사 실태조사'에 따르면 10대에서 30대의 고독사는 2017년 204명에서 2021년 219명으로 늘었다고 한다. 2022년, 2023년, 2024년의 숫자가 어떻게 될지 걱정이 된다. 고독사라는 것은 더 이상 노인분들만의 얘기가 아니다. 우리 청년들도 고독사의 대상이 되고 있다.

왜 그럴까?

많은 이유가 있겠지만 결국 먹고 살기 힘들기 때문이 아닐까? 대학을 나와도, 대학을 나오지 않아도 먹고 살기 힘들다. 취업을 하는 것도 쉽지 않고 취업을 한다하더라도 만족할만한 생활을 영위하기가 쉽지 않다. 당장 먹고 살기 힘든 상황에서 연애는 더 어려운 얘기다. 이런 상황에서 언제 취업하고, 언제 돈 벌고 언제 연애하고 언제 결혼해서 언제 가정을 꾸릴 수 있느냐는 말이다. 예전에는 대학을 졸업하고 취업하고 돈 모아서 결혼하고 애 낳고 사는 것이 평범한 모습이었다. 지금은 다르다. 내 생각이지만 지금은 이렇게 살아가는 것이 특별하고 성공한 삶으로 보인다. 예전에는 당연해 보이던 것들이 이제는 특별하게 보인다. 안타깝고 씁쓸하다.

이런 문제를 어떻게 해결할 수 있을까?

딱히 정답은 없다. 사람마다 처한 현실이 다르고 생각이 다르기 때문이다. 사람마다 지향하는 바가 다르고 원하는 삶이 다르기 때문이다. 딱히 "이렇게 살아라, 저렇게 살아라"라고 말할 수 있는 사람은 없다. 하지만 이 말은 해야 할 것 같다. 그렇게 미래에 대해 철저히 고민하고 준비하는 시간을 병영생활에서 가질 수 있다고 말이다.

군복무 중인 용사들은 전역하는 시기는 모두 다르지만 결국 전역을 한다는 사실은 누구나 같다. 누구나 입대를 하고, 누구나 전역을 한다. 이왕 하는 병영생활 동안, 자신의 미래에 대해서 철저하고 치열하게 고민해 보았으면 좋겠다. 이런 질문을 자신에게 던져보자.

'나는 무엇을 좋아하는 사람인가?
'나는 어떤 것을 할 때 시간 가는 줄 모르고 심취하는가? 빠져 드는가?'
'내가 생각하기에 나는 무엇을 잘하는 사람인가? 다른 사람들이 인정하는 나의 능력은 무엇인가? 그 능력을 활용할만한 분야는 무엇이 있는가?
(해당 분야를 찾았다면)
'그 분야에서 일을 하기 위해서 필요한 것은 무엇인가? 예를 들어 자격증이 필요한가? 필요하다면 어떤 자격증이 필요한가? 그 자격증을 따기 위한 방법은 무엇인가? 그러면 그 자격증을 따기 위해 지금 군대에서 바로 시작할 수 있는 것은 무엇인가? 예를 들어 필기시험, 실기시험 준비 등이 될 수 있을 것이다.

이러한 고민을 차근차근 이어나가야 한다. 이렇게 이어 나갈 때 불확실한 미래를 조금 더 확실하게 만들 수 있다. 이런 과정을 거쳐야 불안을 낮추고 안정감 있는 미래를 만들어 나갈 수 있다.

이 모든 고민과 행동은 20대 초반에 반드시 해야 할 것들이다. 이를 위해 군대의 시간은 최상의 시간이다.

물론 이등병, 일병 때는 이런 얘기가 잘 다가오지 않을 수 있다. 별 감흥이 없을 수 있다. 당장은 미래보다 눈앞에 닥친 군 생활이 더 크게 보일 수밖에 없다. 하지만 상병이 되고, 병장이 되면 이런 고민은 결국 마주하게 된다. 직면하게 되는 순간은 온다. 일찍 시작하면 좋은 이유다.

상담을 하다보면 최근에는 놀랍게도 이런 고민을 하고 있는 이등병, 일병들도 많다. 대학교를 다니다 온 한 용사는 전역 후 대학 학부 졸업, 석사 진학까지 결심을 이미 한 상태였다. 또 다른 용사는 전역후 취업할 회사까지 미리 정해두었다. 또 다른 용사는 새로운 분야에 도전하기 위해 이미 연등을 해가며 자격증 준비를 시작하였다. 이렇듯 최근에는 미리 고민하고 미리 준비를 시작하는 용사를 꽤 많이 본다. 그런 용사들을 보면 대견하다는 생각, 멋있다는 생각이 든다.

지금 이 책을 읽고 있는 여러분도 그와 같은 모습을 보여줄 것이라 믿는다.

누구에게나 미래는 불안하고 막막하다. 하지만 미리 준비하고 미리 시작할수록 미래에 대한 불안감은 희망과 자신감으로 바뀔 수 있다. 아무것도 하지 않고 있다면, 미래는 계속 불안하다. 군생활을 하고 있는 지금 이 시기를 새로운 미래를 만드는 시점으로 만들어 보자. 여러분을 응원한다. 혹시라도 이 부분에 대해 좀 더 상담을 원하는 용사가 있다면 언제든 연락을 주기 바란다. (인스타 주소: choi_simri)

29. 꿈을 찾을 때 잊으면 안되는 중요한 한 가지

지금까지 진로를 찾는 법, 꿈을 찾는 법에 대해 얘기를 해왔다. 적성, 흥미, 재능, 관심 모두 중요한 요소들이다. 어떤 것 하나 포기하기 힘들다.

그런데 말이다. 여러분이 꼭 잊지 않았으면 하는 것이 있다. 하고 싶은 것을 하며 돈을 버는 것도 중요한데, 돈을 벌면서 하고 싶은 것을 하는 것도 중요하다는 것이다. 아무리 본인이 좋아하는 일이고, 좋아했던 일이라도 그것이 일단 돈벌이와 연결이 되지 않는다면 힘들다. 기본적인 생활이 안되기 때문이다.

금융 자기계발 전문가, 로버트 기요사키 (Robert Kiyosaki)는 다음과 같은 말을 했다.

"재정적인 안정 없이는 심리적 안정도 없다."

재정적 안정의 중요성의 강조한 말이다. 일단 안정적인 수입을 확보한 후에 꿈을 추구하는 것이 바람직하다는 의미다.

아무리 좋아하는 일을 하더라도 일단은 생활이 되어야 한다. 먹고 다녀야 하고, 잠 잘 곳이 있어야 하고, 휴대폰비도 내야 하고, 친구들과 어울려 소주 한잔도 해야 한다. 친구들과 어울려 가끔씩 PC방도 가야하고 유니클로에 가서 옷도 좀 사야한다. 교통비도 필요하고 가끔씩은 배달음식도 시켜 먹어야 한다. 이러한 기본적인 생활이 되지 않는다면 아무리 좋은 꿈이라도 계속 꾸기 힘들다.

Z 용사는 전업투자자가 꿈이었다. 내가 그에게 해준 말은 "일단은 안정적인 수입원이 있어야 한다"는 것이었다. 전업투자도 좋은데 일단은 안정적인 수입원이 중요함을 상기시켰다. 안정적 수입이 있어야 투자도 안정적으로 해나갈 수 있다. 전업(專業)투자, 말 그대로 하루 종일 투자만 하면 심리적, 신체적으로 피폐해질 가능성이 크다.

정리하자면, 첫 번째 일단은 전역후 여러분이 어떤 삶을 살고 싶은지 결정해라. 다니던 학교로 복학을 할지, 학교는 다니겠지만 새로운 대학, 새로운 학과에서 공부를 하고 싶은지, 바로 취업을 하고 싶은지, 바로 창업을 하고 싶은지 그 무엇이 되었든 일단 하고 싶은 것을 찾자.

두 번째, 그리고 그 결정을 할 때는 일단 안정적 수입이 뒷받침 되는 일을 했으면 좋겠다. 일단 경제적으로 안정이 되어야 심리적으로 안정이 된다. 일을 하면서 짬을 내어, 시간을 내어 자신이 진정 하고 싶었던 일을 조금씩 준비해 나가면 된다. 처음부터 하고 싶은 일만 너무 하려고 하지말자. 사회 초년생때는 하고 싶은 일보다는 안정적 수입을 가져다 주는 일에 중점을 두자. 정말 하고 싶은 일은 나중에 해도 늦지 않다.

세 번째, 일단 하기로 결정한 그 일을 하기 위한 준비를 시작하라. 그 준비를 군대에서부터 시작하는 것이다. 여러분이 어떤 일을 하기로 결정하였다면 그 일을 전역후에 바로 할 수 있도록 지금부터 준비하는 것이다. 군대에서 마냥 노는 것이 아니다. 마냥 논다면 사회에서의 적응 속도가, 사회 생활 시작 시점이 그만큼 늦어질 수밖에 없다. 예를 들어 여러분이 제대후 편입시험을 준비가하기로 마음을 먹었다면? 군대에 있을 때부터 편입시험 준비를 시작해야 한다. 편입영어 시험을 위해 편입영어 단어라도 틈틈이 외워야 하는 것이다. 만일 여러분이 전역후 용접일을 해보고 싶다면, 지금부터라도 관련 자격증을 따기 위한 준비를 시작하는 것이다. 여러분이 전역 후 통신회사에 취업하고 싶다면 그 회사에 취업하기 위한 준비를 지금부터 시작하는 것이다. 그 회사 취업에 유리한 자격증 취득을 위해 지금부터 공부를 시작할 수도 있는 것이다.

중요한 것은 하고 싶은 것을 먼저 정하고, 그 일을 전역후 최대한 빨리 시작할 수 있도록 지금부터 준비하라는 것이다. 군대는 마냥 노는 곳이 아니다. 그렇다고 마냥 맡은 임무만 수행하는 곳도 아니다. 자신의 과거와 미래를 효과적으로 연결시키는 곳이 되어야 한다. 군대라는 곳은 그렇게 여러분이 하기에 달려 있다.

30. 군생활을 잘한다는 것?
다치지 않고 무사히 전역하는 것이 가장 중요.

상담을 하다보면 가끔 군생활을 너무 열심히(?) 하려는 용사들을 본다.

주어진 임무나 지시를 너무 잘 수행하려는 과정에서 자신의 몸이나 마음을 신경 쓰지 않는 경우다. 한 용사는 어느 날 상담에 손가락에 밴드를 감고 왔다. 그 이유를 물어보니 그는 이렇게 대답했다.

"아 이거 별 거 아닙니다. 취사삽으로 조리를 하다가 보니 이렇게 된 겁니다"

그는 조리병이었다. 장갑을 끼고 취사삽으로 조리를 하고 있는 중이었다. 손에 통증이 느껴져서 손을 보았더니 장갑이 빨갛게 물들어 있었다고 했다. 주어진 시간 내에 취사 임무를 완료를 하기 위해 너무 열심히 하다 보니 장갑안에서 손가락 일부가 마찰과 압력으로 인해 벗겨진 것이었다. 그 얘기를 들으니 마음이 아팠다. 물론 일을 열심히 하고 주어진 임무를 충실히 수행해 내려고 하는 것은 좋다. 하지만 그 과정에서 몸이나 마음이 다치게 된다면 무슨 소용이 있겠는가?

내가 2000년도에 입대후 신병교육대에서 훈련병으로 있을 때였다. 당시에는 겨울철에 무를 땅속에 보관했었다. 얕은 굴을 파고 들어가 그 안에 무를 보관했다. 일주일마다 1개 분대씩 순차적으로 무 구덩이에 들어가 무를 꺼내 오는 임무(?)를 수행했다. 내가 속해 있는 분대가 무 구덩이에 들어가 무를 꺼내 왔다. 그렇게 임무를 마쳤다. 그 다음주에는 다음 분대가 무 구덩이에 들어갔다. 그런데 거기서 일이 터졌다. 그 분대가 들어간 사이, 땅이 무너져 내린 것이다. 결국 그 분대원 중 부상을 당했다. 그 사고를 목격하고 나서 눈앞이 깜깜했다. 아찔했다. 일주일 차이로 내가 다쳤을 수도 있었겠다는 생각이 들었다. 그 뒤로는 군대에서 다치지 않고 무사히 나가는 것을 목표로 했다

군생활을 잘 한다는 것은 무엇일까? 내가 생각하기에는 다치지 않고 무사히 전역하는 것이 가장 중요하다고 생각한다. 신체적으로 정신적으로 다치

지 않고 무사히 전역하는 것 말이다. 아무리 열심히 하고 잘한다는 소리를 들어도 허리를 다친다든지 머리를 다친다든지 한다면 어떻게 되겠는가? 아무리 잘한다는 소리를 들어봤자 마음에 큰 상처가 생긴다던가 트라우마가 생긴다면 어떻게 되겠는가?

많은 용사들이 군생활을 성공적으로 해내기 위해 무엇보다 우수한 성과를 내고, 상관들의 칭찬을 받으며, 동료들과 원활한 관계를 유지하는 것이 중요하다고 생각한다. 물론 이러한 요소들도 중요할 수 있다. 하지만 진정으로 중요한 것은 다치지 않고 무사히 전역하는 것이다. 신체적으로나 정신적으로 안전을 유지하는 것이야말로, 진정한 의미에서 군생활을 잘 해내는 것이다.

이러한 관점은 연구들에서도 뒷받침된다. 미국의 군관련 연구소에서 수행한 연구에 따르면, 군 복무 중 발생하는 정신적, 신체적 부상은 전역 후에도 오랜 기간에 걸쳐 개인의 삶에 부정적인 영향을 미칠 수 있다고 한다. 특히, PTSD(외상 후 스트레스 장애)나 우울증과 같은 정신적 문제는 복무 기간 동안의 극심한 스트레스와 관련이 깊은 것으로 나타났다. 이러한 문제들이 장기적으로 건강과 삶을 해칠 수 있음을 감안할 때, 건강한 전역이 얼마나 중요한지 다시금 깨닫게 된다.

다시 강조 하지만, "군생활을 잘한다"는 것의 의미는 다치지 않고 무사히 해내는 것이다. 잘 한다는 의미를 "정말 잘 하는 것"으로 착각하여 자신의 몸을 혹사 시키고, 정신을 피폐하게 만들 정도로 무리해서 하지는 말자.

군생활을 하는 동안 자신의 몸과 정신의 건강을 최우선으로 생각하자. 자신의 몸과 정신을 최우선으로 하는 과정에서 타인에게 피해를 주지 않고, 도덕적·윤리적으로 문제가 없으면 된다.

우리는 때때로 전우애와 팀워크의 중요성을 과대평가하여 자신의 건강과 안전을 간과하는 경향이 있다. 자신을 돌보지 않으면 타인에게 진정한 도움이 될 수 없다.

비행기 조종사들이 비행 전 이런 말을 자주 듣는 다고 한다.

"위급 상황 시 산소마스크를 먼저 착용한 후 타인을 도와라"

이러한 원칙을 여러분의 군생활에서도 적용하자. 여러분 자신이 먼저 튼튼한 몸과 마음을 가질 수 있어야 여러분의 분대, 소대, 중대, 포대, 대대에도 도움이 될 수 있다.

Ⅵ. 군생활을 인생의 터닝포인트로 만드는 방법

참고문헌

* Folkman, S., & Lazarus, R. S. (1985). Stress and coping in transition to group living. Journal of Social Issues, 41(1), 177-191.

* Weeks JW, Heimberg RG, Fresco DM, Hart TA, Turk CL, Schneier FR, Liebowitz MR. Empirical validation and psychometric evaluation of the Brief Fear of Negative Evaluation Scale in patients with social anxiety disorder. Psychol Assess. 2005 Jun;17(2):179-90.

* 가스라이팅 뜻은?…자가진단법 관심, 2022.03.13., 금강일보, https://www.ggilbo.com/news/articleView.html?idxno=900678

* Swift, D. L., Johannsen, N. M., Lavie, C. J., Earnest, C. P., & Church, T. S. (2014). The role of exercise and physical activity in weight loss and maintenance. Progress in Cardiovascular Diseases, 56(4), 441-447

* Jakicic JM, Clark K, Coleman E, Donnelly JE, Foreyt J, Melanson E, Volek J, Volpe SL; American College of Sports Medicine. American College of Sports Medicine position stand. Appropriate intervention strategies for weight loss and prevention of weight regain for adults. Med Sci Sports Exerc. 2001 Dec;33(12):2145-56

* Bushman, B. J., Baumeister, R. F., & Stack, A. D. (1999). Catharsis, aggression, and persuasive influence: Self-fulfilling or self-defeating prophecies? Journal of Personality and Social Psychology, 76(3), 367-376

* Kaimal, G., Ray, K., & Muniz, J. (2016). Reduction of cortisol levels and participants' responses following art making. Art Therapy, 33(2), 74–80

* Kim J, Kwon JH, Kim J, Kim EJ, Kim HE, Kyeong S, Kim JJ. The effects of positive or negative self-talk on the alteration of brain functional connectivity by performing cognitive tasks. Sci Rep. 2021 Jul 21;11(1):14873. doi: 10.1038/s41598-021-94328-9. PMID: 34290300; PMCID: PMC8295361.

* Spotts-De Lazzer, A. (2023). The consequences of self-talk, when it is negative. Psychology Today. Retrieved August 21, 2024, from https://www.psychologytoday.com/us/blog/the-mindful-self-express/202308/the-consequences-of-self-talk-when-it-is-negative

* Mayo Clinic Staff. (2023, November 21). Positive thinking: Reduce stress by eliminating negative self-talk. Mayo Clinic. Retrieved August 21, 2024, from https://www.mayoclinic.org/healthy-lifestyle/stress-management/in-depth/positive-thinking/art-20043950

* Spotts-De Lazzer, A. (2023). The consequences of self-talk, when it is negative. Psychology Today. Retrieved August 21, 2024, from https://www.psychologytoday.com/us/blog/the-mindful-self-

express/202308/the-consequences-of-self-talk-when-it-is-negative

* Robbennolt, J. K. (2003). Apologies and legal settlement: An empirical examination. Michigan Law Review, 102(3), 460-516. 연구자 소개

* Batson, C. D. (2009). These things called empathy: Eight related but distinct constructs. In J. Decety & W. Ickes (Eds.), The social neuroscience of empathy (pp. 3-16). MIT Press

* Smith, C. A., & Ellsworth, P. C. (1985). Patterns of cognitive appraisal in emotion. Journal of Personality and Social Psychology.

* Whelton, W. J., & Greenberg, L. S. (2011). Emotion in self-criticism: Measurement, elicitation, and relation to depression. Psychotherapy Research, 15(4), 447-461.

* Orth, U., & Robins, R. W. (2013). Understanding the Link Between Low Self-Esteem and Depression. Current Directions in Psychological Science, 22(6), 455-46

* https://news.koreadaily.com/2023/06/04/society/generalsociety/20230604191950523.html
(중앙일보 The Korea Daily, 성소수자 인구 비율 10년 새 2배 증가. 2023.06.05.)

* Moradi, B. (2009). Sexual orientation disclosure, concealment, harassment, and military cohesion: Perceptions of LGBT military veterans. Military Psychology, 21(4), 513-533

  https://youtu.be/arn0CNBilOo

* Stoeber, J., & Otto, K. (2017). The Role of Self-Blame in the Relationship Between Perfectionism and Psychological Distress. Personality and Individual Differences, 116, 64-69

* Batson, C. D., Duncan, B. D., Ackerman, P., Buckley, T., & Birch, K. (1981). "Is empathic emotion a source of altruistic motivation?" Journal of Personality and Social Psychology, 40(2), 290-302

  https://www.segye.com/newsView/20240807520539?OutUrl=naver

* [단독] 서울 반지하서 30대 쓸쓸한 죽음… 짙어진 '청년 고독사' 그림자, 세계일보, 2024-08-07

  https://counsellingresource.com/features/2008/02/01/ptsd-brain-injury-soldiers/